Günter Fellenberg

Umweltverschmutzung – Umweltbelastung

Ein Überblick aus ökologischer Sicht

 B. G. Teubner Stuttgart · Leipzig 1997

Prof. Dr. Günter Fellenberg
D-38446 Wolfsburg

Gedruckt auf chlorfrei gebleichtem Papier.

Die Deutsche Bibliothek – CIP-Einheitsaufnahme

Fellenberg, Günter:
Umweltverschmutzung – Umweltbelastung : ein Überblick aus ökologischer Sicht /
Günter Fellenberg. – Stuttgart ; Leipzig : Teubner, 1997
(Einblicke in die Wissenschaft : Ökologie)
ISBN 3-8154-2509-3

© B. G. Teubner Verlagsgesellschaft Leipzig 1997

Printed in Germany
Druck und Bindung: druckhaus köthen GmbH
Umschlaggestaltung: E. Kretschmer, Leipzig

Vorwort

Umweltbelastung bedeutet nicht nur Schadstoffe in die Umwelt abzugeben, die Menschen, Tiere und Pflanzen beeinträchtigen. Umweltbelastung umfaßt auch alle Auswirkungen menschlicher Tätigkeiten, die die ursprünglichen Umwelteigenschaften so verändern, daß sie das derzeitige Leben auf der Erde gefährden. Dazu gehören Bodenverdichtungen ebenso wie Flußregulierungen, Massentourismus und vieles andere mehr. Das heißt aber auch, daß mit der wachsenden Zahl von Menschen mit großer Wahrscheinlichkeit die Veränderungen unserer Umwelt zunehmen.

In diesem Buch soll auf die Vielfältigkeit der Umweltbelastungen aufmerksam gemacht werden, und es wird versucht, Verknüpfungspunkte und wechselseitige Beeinflussungen vieler Umweltbelastungsfaktoren zu verdeutlichen. Dieser kurze Überblick über ein so komplexes Gebiet soll einerseits eine Einführung in diese Thematik darstellen, andererseits soll der Leser angeregt werden, sich in die Vielfältigkeit der Umweltbelastungen hineinzudenken, um die Fülle von einschlägigen Berichten in den öffentlichen Medien hinsichtlich ihrer ökologischen Bedeutung bewerten und einordnen zu können.

Herrn Professor Dr. Dr. M. Bahadir, Braunschweig, möchte ich für die Durchsicht des Manuskripts danken. Herrn Dr. P. Spuhler und Herrn J. Weiß vom Verlag B. G. Teubner bin ich dafür dankbar, daß sie die Herausgabe dieser kleinen Einführung ermöglicht haben.

Braunschweig   G. Fellenberg

Inhalt

1 Die Befreiung von der Natur

1.1 Verbesserung der Lebensbedingungen

Solange es Menschen gibt, waren sie offenbar stets bestrebt, ihre Lebensbedingungen zu verbessern und sich von unkontrollierbaren Einflüssen der Natur zu befreien. Zur Unterstützung ihrer naturgegebenen Handfertigkeiten bastelten sie Geräte aus Steinen und anderen Materialien. Seit hunderttausenden von Jahren verwendeten sie bewußt das Feuer, zunächst noch ohne es selbständig zu entfachen, aber sie konnten einmal entstandenes Feuer bewahren und gezielt damit umgehen.

Vor etwa 50000 Jahren entstand der Jetztzeitmensch, der noch weitaus intensiver als seine Ahnen Werkzeuge und Waffen entwickelte, die er zum Nahrungserwerb und zum Kampf gegen Artgenossen einsetzte. Außerdem hatte er inzwischen künstliche Behausungen und Kleidung geschaffen, und vor etwa 11000 bis 10000 Jahren begann er damit, wilde Tiere zu zähmen und in seinen unmittelbaren Lebensbereich einzugliedern. Vermutlich fielen in dieselbe Zeitspanne die ersten Versuche, Nahrungsmittelpflanzen anzubauen, wenngleich konkrete Kenntnisse über den Beginn des Ackerbaus, vor allem in unserem Klimaraum, erst aus späteren Jahren stammen. Etwa gleichzeitig mit dem Beginn von Tierhaltung und Ackerbau steigt auch die Bevölkerungszahl etwas an.

Im Gefolge von Ackerbau und Viehzucht entwickelte sich besonders während der Jungsteinzeit (etwa 9000 bis 2000 v. Chr.), Handel und ein bereits erstaunlich weiträumiger Verkehr, der sich nicht mehr auf Entfernungen von Tagesmärschen beschränkte. Mit wachsender Mobilisierung der Menschen wurden auch Tiere und Pflanzen aus ihren angestammten Heimatregionen weit verschleppt. Begleitet wurde diese Entwicklungsphase von immer umfangreicheren Maßnahmen der Bodenbearbeitung in der Landwirtschaft: Wälder wurden gerodet, um Ackerland zu gewinnen, und das Vieh wurde in die Wälder getrieben, wo es genügend Laub als Futter fand. Bereits während der Jungsteinzeit versuchte man, landwirtschaftliche Nutzflächen bei Bedarf zu bewässern oder zu entwässern. Die Ansiedlungen der Menschen wuchsen, und so entstanden erstmals

ausgedehnte Kulturlandschaften. Die lästige Pflicht, täglich alle Kraft
für den eigenen Lebensunterhalt einsetzen zu müssen, trat mehr und
mehr in den Hintergrund, weil die Landwirtschaft eine gewisse
Vorratswirtschaft zuließ. Dadurch wurde Arbeitskraft freigesetzt, die
man nun anderweitig nutzen konnte, beispielsweise um technische
Probleme zu lösen, was gewiß einen gewaltigen Schritt vorwärts für
die Entwicklung der Menschen bedeutete. Doch ganz ohne jeden Nachteil wurden diese Fortschritte schon
damals nicht erreicht. In relativ trockenen Klimazonen, wie dem nahen
Osten, sank der Grundwasserspiegel nach großflächigen Kultivie-
rungsmaßnahmen. Daraufhin trocknete der Boden stärker aus und
wurde vom Wind fortgeblasen. So verwandelten sich ehemals lichte
Wälder und Steppengebiete in Halbwüsten und Wüsten. Aus
Trockenwäldern in gebirgigen Lagen wurde nach dem Abholzen der
Boden mit dem Regenwasser abgespült, und so entstanden Karst-
landschaften, wie sie heute rund um das Mittelmeer anzutreffen sind.

Mit dem sich immer stärker herausbildenden rationalen Denken der
Menschen wurden Landwirtschaft, Industrialisierung, Handel und
Verkehr intensiviert. Das hatte zur Folge, daß immer größere Natur-
flächen in Kulturland umgewandelt wurden. Seit etwa 7000 Jahren
gesellten sich zu den stetig wachsenden Agrarlandschaften städtische
Ansiedlungen, die das natürliche Landschaftsgepräge besonders
tiefgreifend veränderten. Im Bereich der Häuser und Straßen wurde
der Boden verdichtet und versiegelt. Dadurch sank der Grundwasserspiegel noch weiter. Außerdem greifen Städte in den
Strahlungs- und Temperaturhaushalt der Landschaft ein, sie
beeinflussen Windgeschwindigkeit und Niederschlagstätigkeit, den
Geräuschpegel und vieles andere mehr.

1.2 Technisierung der Umwelt

Überall dort, wo eine größere Anzahl von Menschen tätig ist, wie
in den Städten, entstehen größere Mengen von Abfällen und
gasförmigen Emissionen, die umso unangenehmer und giftiger sind, je
stärker die Menschen ihren Lebensbereich technisieren. Beispielsweise wissen wir, daß bereits in der Antike Gerbereien,
Wäschereien, Abdeckereien, Silberschmelzen und später auch andere

Erzhütten bei der Stadtbevölkerung wegen ihrer Geruchsbelästigungen sehr unbeliebt waren und deshalb so weit wie möglich vor den Toren der Städte angesiedelt werden mußten. Mit solchen Maßnahmen zum Schutz der Bevölkerung ließ man es jedoch bewenden. An einen Schutz von Tieren und Pflanzen dachte man nicht. Über Jahrtausende hinweg vertraute man ganz fest auf die Widerstandsfähigkeit und auf die Regenerationsfähigkeit der belebten und unbelebten Natur. Erst in jüngerer Zeit wurden die angerichteten Schäden so deutlich, daß man sie nicht mehr übersehen konnte. Beispielsweise verabschiedete sich zu Beginn des 20. Jahrhunderts der Stör aus dem Rhein, und im Verlaufe der fünfziger Jahre folgte ihm der Lachs, weil das Rheinwasser zu stark belastet war. Gewässer, die früher zum Baden einluden, mußten wegen ihres Gehalts an Giftstoffen für den Badebetrieb geschlossen werden. In Südskandinavien ließ saurer Regen die Fische vieler Seen aussterben. Die Säuren stammten aus Abgasen der Schwerindustrie in England, Belgien, Deutschland und Polen. Überrascht mußte man außerdem feststellen, daß im Fett von Tieren der Arktis das früher sehr bekannte Insektenvernichtungsmittel DDT nachgewiesen werden konnte, das nachweislich nie in jener Region angewendet wurde. Schließlich fand man in einigen Grundwasserproben Spuren des Herbizids Atrazin, obwohl man stets davon ausgegangen war, daß Pflanzenschutzmittel niemals bis zum Grundwasser vordringen können. Zu allen diesen Überraschungen gesellten sich Schreckensmeldungen über Tankerunfälle auf offenem Meer, über Ozonverluste in der Stratosphäre, über immer weiter um sich greifende Waldschäden, die bereits 50-60 % der Bäume in Deutschland erfaßt haben. Gebietsweise vollzog man Landschaftszerstörungen großen Ausmaßes, indem man im Tagebaubetrieb großflächig Braunkohle abbaute, wie etwa in der Lausitz, wo der Braunkohlebergbau riesige, verwüstete Landschaften hinterließ.

Die Hiobsbotschaften häufen sich, und immer dringlicher führen sie uns vor Augen, daß sich die Menschen nicht länger isoliert betrachten dürfen, sondern daß sie, trotz Städtebau und technischer Finessen, nach wie vor in die Naturabläufe auf unserem Erdball eingebunden sind, denn Giftstoffe, die wir freisetzen, können uns über Nahrungsketten (Abschn. 5) wieder erreichen, und Veränderungen der Landschaften können über Beeinträchtigung von Böden oder durch

Änderungen des Wasserhaushalts der Natur auf uns zurückwirken. In einer Zeit, in der schätzungsweise fast 6 Mrd. Menschen die Erde bevölkern, sollte man sich sehr ernsthaft überlegen, welche Aktivitäten jeder Mensch entfalten darf, um einerseits noch ein lebenswertes Dasein zu führen und andererseits eine Umwelt zu hinterlassen, in der auch die Nachkommen eine angemessene Lebensgrundlage vorfinden. Doch leider sieht die Praxis nur allzu oft ganz anders aus: Landschaftsverbrauch und Umweltbelastungen werden vielfach in Kauf genommen, um vorübergehenden Gewinn oder gewisse Bequemlichkeiten zu erlangen, oder um sich etwas rascher fortbewegen zu können. Dieses Verhalten führt dazu, daß jede Generation und jede Gesellschaft entsprechend ihrer finanziellen und technischen Möglichkeiten die Umwelt so weit wie möglich nach eigenen Vorstellungen verändert und damit belastet. Man ist nicht gewillt danach zu fragen, welche Lebensmöglichkeiten unsere Nachkommen in 100, 1000 oder in 50000 Jahren vorfinden, wenn wir heute den Anspruch erheben, den Naturhaushalt für uns selber voll und ganz auszubeuten und zu verändern. Spätere Generationen scheinen für uns Gegenwartsmenschen eher eine anonyme, fast möchte man meinen, eine hypothetische Größe darzustellen, obwohl sie unsere eigenen Erbanlagen tragen werden! Vorausschauendes Denken und Planen scheint auf die Dauer eines Menschenlebens begrenzt zu sein. Das erstaunt umso mehr, als man ein Ende der heute noch vorhandenen, natürlichen Lebensgrundlagen auf der Erde in manchen Bereichen bereits erkennen kann, wenn man die derzeit praktizierten Umweltbelastungen und den Verbrauch von Naturlandschaften in die Zukunft unverändert fortschreibt.

1.3 Künstliche Ökosysteme und deren Eigenschaften

Dessen ungeachtet werden oftmals Sorgen um unsere Umwelt und die Lebensbedingungen in der Zukunft als übertrieben pessimistisch angesehen. Verhält es sich nicht vielmehr so, daß man auf unveränderte oder nur in Maßen beeinflußte Naturlandschaften verzichten kann, wenn man sich dafür eine garten- oder parkähnliche Kulturlandschaft aufbaut, die optimale Erträge an Nahrungsmitteln sichert? Kulturlandschaften sind heute ohnehin weit verbreitet.

Trotzdem bringen sie Schwierigkeiten mit sich, an die man zunächst nicht denkt, wie einige Beispiele zeigen sollen. Durch die Beseitigung von Wald und anderem Dauergrünland zugunsten von Feldern wird der Boden durch Wind und Regen weitaus stärker abgetragen, als unter der schützenden Pflanzendecke zuvor. Innerhalb weniger Jahrhunderte, in bergigen Lagen bereits im Verlauf von wenigen Jahrzehnten, können dadurch wichtige Bodenreserven verlorengehen. Ein unübersehbares Beispiel dafür liefern waldarme, verkarstete Mittelmeerländer, in denen während der Antike ein solcher Kahlschlag praktiziert wurde. Der Verbrauch von Naturlandschaften und die damit einhergehende Beseitigung von Wäldern vermindert außerdem das Wasserspeichervermögen des Bodens und die Reinigung des versickernden Niederschlagswassers. Will man aus dem qualitativ schlechter werdenden Grundwasser Trinkwasser gewinnen, dann sind technisch aufwendige, teure Reinigungsverfahren notwendig. Auch in Deutschland muß man beobachten, daß in landwirtschaftlich intensiv genutzten Gebieten die Grundwasserqualität abnimmt.

In Kulturlandschaften wird in der Regel der natürliche Stoffkreislauf unterbrochen, der sich dadurch ergibt, daß abgestorbenes, organisches Material durch Verwesung dem Boden vormals entzogene Mineralstoffe zurückgibt. In Kulturlandschaften erntet man die angebauten Nutzpflanzen ab und entfernt sie damit aus dem natürlichen Stoffkreislauf. So gehen dem Boden ständig Mineralstoffe verloren, die durch Düngung ersetzt werden müssen. Nun bedeutet Düngung nicht unbedingt einen schädigenden Eingriff in den Naturhaushalt, doch in der Praxis sieht es so aus, daß bevorzugt leicht wasserlösliche Mineralstoffe verwendet werden, und daß zur Optimierung der Felderträge lieber etwas reichlicher gedüngt wird, als unbedingt erforderlich. Als Folge dieser Praxis werden Düngemittel in Grund- und Oberflächenwasser eingespült.

Künstlich angelegte, meist besonders artenarme Pflanzengesellschaften, wie sie im Ackerbau und in Fichtenforsten vorliegen, beuten nicht nur den Boden sehr einseitig aus, sie bilden darüber hinaus eine ausgezeichnete Vermehrungsgrundlage für all jene Organismen, die sich speziell von den angebauten Nutzpflanzen ernähren. Diese sog. Schädlinge, die mit den Menschen um die Ernteerträge der Nutzpflanzen konkurrieren, können sich in Mono-

kulturen mit hoher Geschwindigkeit ausbreiten. Eindrucksvolle
Beispiele dafür liefern u. a. Mehltau, Blattläuse und Eichenwickler,
aber auch viele Unkräuter, sofern sie mindestens ebenso rasch
wachsen, wie die Kulturpflanzen. Will man sicherstellen, daß sich die
in einen Acker investierte Arbeit lohnt und nicht zum Teil der
unliebsamen Konkurrenz zum Opfer fällt, dann muß man die
Kulturpflanzen mit Hilfe chemischer Bekämpfungsmittel oder anderer
Maßnahmen schützen. Ohne künstliche Stabilisierungsmaßnahmen
unterliegen Monokulturen außerdem in der Regel einer Sukzession
d. h., sie werden von anderen Arten unterwandert. Damit würde ein
artenreicheres Folgesystem entstehen, das jedoch für die Ernährung
der Menschen weniger ertragreich ist.

Schließlich sei noch auf den Genbestand artenarmer Ökosysteme
hingewiesen. Damit hat es folgende Bewandtnis. In einem fest
umrissenen Lebensraum besitzen die Individuen einer Art ein ganz
bestimmtes Bündel von Erbeigenschaften (Genpool), die zumindest
teilweise als Reaktion auf ihren spezifischen Lebensraum entstanden
sind, wie etwa Resistenzmerkmale gegenüber bestimmten Schädlingen
oder gegenüber bestimmten Klimaeigenschaften, Merkmale der Kon-
kurrenzfähigkeit gegenüber anderen Lebewesen in demselben Lebensraum und vieles andere mehr. Deshalb bezeichnet man die
Vertreter ein und derselben Art aus verschiedenen Lebensräumen als
Ökotypen einer Art. Das Reservoir verschiedener Erbanlagen unserer
Kulturpflanzen aus den unterschiedlichsten Ökozonen nutzt man heute
praktisch zur Züchtung von Kulturpflanzensorten mit bestimmten
Resistenzmerkmalen.

Bei der Schaffung künstlicher Ökosysteme ist eine hohe genetische
Vielfalt zunächst unerwünscht, weil sie der Maximierung des Ernteer-
trags im Wege steht. Man bevorzugt ein genetisch einheitliches
Material mit besonders guten Ertragseigenschaften und schützt die
Pflanzen mit Hilfe von Pflanzenschutzmitteln vor unerwünschter
Konkurrenz. Doch diese Form der Ertragsoptimierung hat ihren
Preis. Tauchen plötzlich Schädlinge aus weit entfernten Lebensräumen
auf oder ändern sich Klima, Bodenbeschaffenheit oder Luftzusammen-
setzung, dann kann sich das katastrophal auswirken, weil die
Züchtung auf genetische Einheitlichkeit hin keine Erbeigenschaften
übrig gelassen haben, die eine Anpassung an die veränderte Umwelt-
situation ermöglichen könnten. Die Umwandlung von natürlichen

Ökosystemen in künstliche, artenarme Ökosysteme ist also längerfristig mit ernstzunehmenden Risiken verbunden. Das gilt umso mehr, wenn man natürliche Ökosysteme oder Naturlandschaften in Siedlungsgebiete oder in technische Landschaften umformt. Jede Generation muß sich deshalb ernsthaft die Frage stellen, wie viele der noch verbliebenen naturnahen Landschaften in Kultur- und Baulandschaften umgewandelt werden dürfen, denn jeder Umstrukturierungsvorgang kann die Anpassungsfähigkeit der Lebewesen und damit die Lebensgrundlagen unserer Nachkommen einschränken. Bei jedem Eingriff in den Naturhaushalt gilt es sehr sorgfältig abzuwägen, ob damit Lebensgrundlagen unserer Nachkommen eventuell nur einem gegenwärtigen, finanziellen Vorteil geopfert werden.

2 Bevölkerungswachstum und Umwelt

Umweltbelastungen sind nicht nur davon abhängig, was der Mensch verändert, sondern auch davon, wie viele Menschen Veränderungen vornehmen, denn mit der Anzahl der Menschen steigen Landschaftsverbrauch, Nahrungs- und Energiebedarf, Rohstoffnutzung und vieles andere mehr. Deshalb ist es wichtig, die Gesetzmäßigkeiten des Bevölkerungswachstums zu kennen.

2.1 Wie wächst eine Bevölkerung?

Zur Veranschaulichung von Wachstumsvorgängen stellen wir uns zunächst ein einfaches System vor. In eine Nährlösung, z. B. eine Fleischbouillon, bringen wir eine Bakterienzelle. Nach einer gewissen Eingewöhnungszeit an das neue Milieu teilt sich die Zelle in regelmäßigen Zeitabständen immer wieder, bis schließlich das Nährstoffangebot zur Neige geht und der Platz in der Lösung für neue Zellen zu eng wird. Nun ebbt die Teilungsaktivität ab, und kommt schließlich ganz zum Erliegen. Um den gesamten Wachstumsvorgang, mit langsamer Anlaufphase, regelmäßiger Teilungstätigkeit und verzögerter Ausklingphase mathematisch zu erfassen, bedarf es einer Differentialgleichung, auf die wir hier nicht näher eingehen wollen, denn die Hauptmenge der Zellzunahme spielt sich während der Phase regelmäßiger Zellteilungen ab. Diese Phase läßt sich dagegen relativ einfach mathematisch erfassen, so wie es in Abb. 1 dargestellt ist. Deshalb beschränken wir unsere Betrachtungen auf diese Phase.

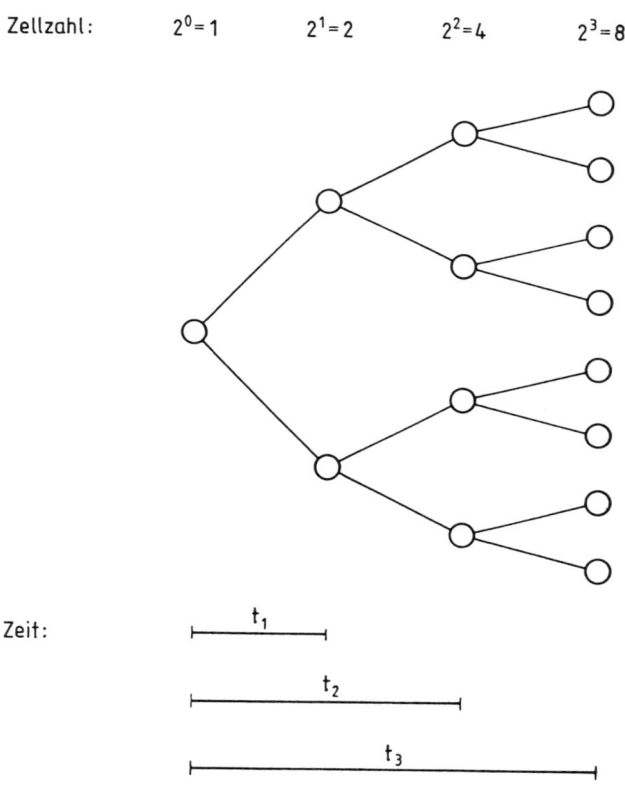

Abb. 1 Abhängigkeit der Zellzahl (n) von der Wachstumszeit (t)   nach x-maliger Zellverdoppelung

Mathematisch ausgedrückt, ergibt sich daraus die Wachstumsglei-chung $n_t = n \cdot 2^x$. Bakterienzellen weisen eine ganz bestimmte Teilungsgeschwindigkeit auf. Bei anderen Organismen kann die Teilungsgeschwindigkeit einem ganz anderen, zeitlichen Verlauf folgen. Will man mit der Wachstumsgleichung trotzdem eine allgemein gültige Aussage treffen, dann ersetzt man x durch den Ausdruck r · t, wobei r die Fortpflanzungsrate darstellt und t die Wachstumszeit. Bezieht man außerdem das Wachstum auf den natürlichen Logarithmus e, dann ergibt sich als nunmehr allgemein gültige Wachstumsformel der Ausdruck $n_t = n \cdot e^{r \cdot t}$.

Wenn wir von einer exponentiellen Wachstumsphase sprechen, dann bedeutet das, daß sich die Zellzahl oder die Zahl der Individuen während einer bestimmten Zeitspanne verdoppelt (Abb. 1). Diese Verdoppelungszeit kann bei verschiedenen Organismen unterschiedlich lang sein, und auch die Bevölkerung verschiedener Länder kann unterschiedliche Verdoppelungszeiten aufweisen, so daß sich daraus ein unterschiedlich rascher Zuwachs ergibt, obwohl es sich stets um ein logarithmisches Wachstum handelt. Entscheidend für die Geschwindigkeit des Wachstums ist also stets die Verdoppelungszeit. Häufig werden jedoch nicht Verdoppelungszeiten, sondern Wachstumsraten angegeben, die die jährliche Zunahme an Individuen in Prozent angibt. Die Wachstumsrate ergibt sich, wenn man die Zahl 70 durch die Verdoppelungszeit dividiert d. h., einer Verdoppelungszeit von 70 Jahren entspricht eine Wachstumsrate von 1 %, der Verdoppelungszeit von 21 Jahren eine Wachstumsrate von 3,33 % usw. Hinter scheinbar kleinen Wachstumsraten verbergen sich kurze Verdoppelungszeiten. Stellt man sich beispielsweise vor, daß bei einer jährlichen Wachstumsrate von bescheiden klingenden 2 % die Verdoppelungszeit bei 35 Jahren liegt, dann würde die Weltbevölkerung von 5,5 Mrd. Menschen im Jahr 1995 auf 11 Mrd. im Jahr 2030 anwachsen. Das ist bereits eine Menschenmenge, von der man nicht genau weiß, ob sie noch ernährt werden kann. Unter solchen Bedingungen wächst ein 1995 geborenes Kind bis zu seinem 35. Lebensjahr in eine höchst problematische Zukunft hinein. Auch wenn es gelänge, die Wachstumsrate kurzfristig zu halbieren, dann bedeutet das noch immer eine Verdoppelungszeit von 70 Jahren, d. h. etwa von einem Menschenalter, bis die Zahl von 11 Mrd. Menschen erreicht ist. Das logarithmische Wachstum kommt erst zum Erliegen, wenn der verfügbare Raum auf der Erde zu eng wird, wenn die Nahrung

knapp wird oder wenn eine andere, wichtige Lebensgrundlage zur Neige geht.
Stellt man sich die Frage, warum sich die Menschen plötzlich so stark vermehren konnten, dann stößt man gleichzeitig auf die Frage nach den Regelmechanismen des Populationswachstums. Abb. 2 zeigt, daß sich die aktuelle Bevölkerungsgröße einer Population stets aus der Geburten- und Sterberate ergibt. Dazu kommen Aus- und Einwan-

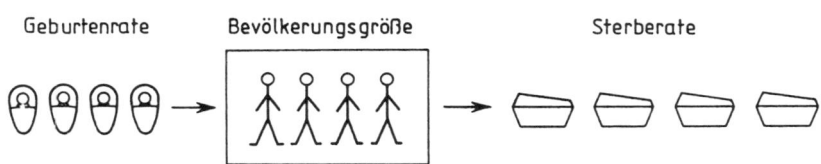

Abb. 2. Wenn Ein- und Auswanderungen nicht möglich sind, resultiert die Bevölkerungsgröße aus Geburten- und Sterberate

derungen, die jedoch bei der Betrachtung der Erdenbevölkerung insgesamt bislang entfallen. Die jährliche Geburten- und Sterberate bezieht man jeweils auf 1000 Einwohner. Solange sich Geburten- und Sterberate die Waage halten, bleibt die Bevölkerungsgröße konstant. Sie nimmt erst zu, sobald die Geburtenrate größer wird, als die Sterberate. Ursachen dafür können entweder häufigere Geburten oder eine verminderte Sterblichkeit der Menschen sein. Diesen simplen Sachverhalt berücksichtigt man oftmals nicht, wenn auf Grund einer verbesserten medizinischen Versorgung die Lebenserwartung der Menschen steigt. Bei gleichbleibender Geburtenrate muß ein solcher Eingriff automatisch das Bevölkerungswachstum ankurbeln. Soll die Bevölkerungsgröße konstant gehalten werden, dann dürften lebensverlängernde Maßnahmen nur bei entsprechender Senkung der Geburtenrate durchgeführt werden. Diese elementare Wechselbeziehung wurde jedoch bei Hilfsmaßnahmen häufig genug nicht beachtet.
    Nach diesem kurzen Exkurs soll nun wieder das Populationswachstum der Weltbevölkerung unter die Lupe genommen werden.

Funde von Skelettresten und Gebrauchsgegenständen verschiedener Epochen der Menschheitsgeschichte machen es sehr wahrscheinlich, daß die Population der Menschen über sehr lange Zeit hinweg nur minimal zugenommen haben kann. Noch im Jahr 5000 v. Chr. schätzt man die Weltbevölkerung auf nicht mehr als etwa 50 Mio. Damals, vielleicht auch etwas früher, begann man mit dem Ackerbau und vermutlich noch etwas früher mit der Tierhaltung. Dadurch wurde allmählich die Ernährungslage der Menschen sicherer und stabiler, was man als eine der Triebfedern für das Anwachsen der Weltbevölkerung ansieht. Eine weitere Schubkraft geht von der zunehmenden Industrialisierung und der sich stetig verbessernden Erschließung von Energiequellen aus. Mindestens ebenso wichtig waren hygienische Verbesserungen der Lebensbedingungen der Menschen sowie die erfolgreiche Bekämpfung von Körper- und Eingeweideparasiten sowie von Infektionskrankheiten. Alle diese Impulse trugen dazu bei, das Leben erwachsener Menschen zu verlängern und die Kindersterblichkeit deutlich zu reduzieren. So war es möglich, daß bei gleichbleibender oder sogar leicht rückläufiger Geburtenrate das Bevölkerungswachstum bis zum heutigen Tage immer rascher zunahm. Eine spürbare Geburtenreduktion wäre dringend angesagt, um drohende Ernährungsschwierigkeiten und andere Probleme einer Überbevölkerung abzuwenden. Doch die verhängnisvolle Tendenz in Richtung Überbevölkerung wird durch weltanschauliche Eigenheiten und Traditionen der Menschen noch forciert: in vielen, noch spärlich industrialisierten Ländern gilt eine möglichst große Zahl von Nachkommen als beste Altersversorgung der Eltern. Zum Teil stehen religiös-weltanschauliche Überzeugungen einer bewußten Geburtenregulierung im Wege, trotz rationaler Einsichten in deren Notwendigkeit. Schließlich tragen auch diverse Programme zur Entwicklungshilfe dazu bei, das Bevölkerungswachstum anzukurbeln, weil sie teils direkt, teils indirekt die Sterblichkeitsrate bei konstanter Geburtenrate senken.

2.2 Das Ende des Wachstums

Ein kleiner Lichtschimmer zeigt sich am Horizont: in einigen Ländern, vor allem in reichen Industrienationen, hat sich während der

vergangenen Jahre die Geburtenrate erheblich vermindert, so daß dort
die Bevölkerungsgröße konstant bleibt oder sogar leicht rückläufige
Tendenz zeigt, wie beispielsweise in Deutschland. Die Ursachen dafür
sind nur schwer zu erkennen, denn es gibt durchaus reiche Länder, in
denen die Geburtenrate nach wie vor hoch ist, wie etwa in den
erdölfördernden Nationen des Nahen Ostens. Man glaubt deshalb, daß
nicht nur die Wirtschaftskraft eines Volkes dessen Geburtenrate
beeinflußt, sondern daß besonders der Lebensstil der Frauen reicher
Industrienationen und deren Einbeziehung in das Erwerbsleben
darüber entscheiden, ob sie eine Geburtenplanung durchführen oder
nicht. Die Männer, so scheint es, spielen dabei nicht die entscheidende
Rolle. Weiterhin hat sich herausgestellt, daß die Geburtenrate erst mit
einer Verzögerung von ein bis zwei Generationen dem Erreichen eines
hohen Industrialisierungsgrades folgt. Deshalb ist es nicht möglich,
das Bevölkerungswachstum zu einem bestimmten Zeitpunkt anzu-
halten, selbst wenn es gelänge, alle Entwicklungsländer in kürzester
Zeit in wohlhabende Industrienationen umzuformen. Wirtschaftliche
Sanierung, so wichtig sie auch ist, darf also nicht als einziges Mittel
zur Regulation des Bevölkerungswachstums angesehen werden. Eine
Koppelung wirtschaftlicher und medizinischer Fortschritte mit einer
Verminderung der Geburtenrate wäre zunächst auf jeden Fall
angezeigt, ehe selbstregulatorische Prozesse wirksam werden. Eine
solche Koppelung ist jedoch nur mit intensiver Aufklärung zu
erreichen, so daß die Notwendigkeit zur Geburtenreduktion trotz
religiöser und kulturhistorischer Tabus für jedermann einsichtig wird.
Dabei sollte auch stets der Gesichtspunkt berücksichtigt werden, daß
steigende Bevölkerungszahlen auch steigende Umweltbelastung bedeuten (nicht unbedingt Umweltverschmutzung!), auch wenn diese
beiden Faktoren nicht in einem exakt proportionalen Verhältnis
zueinander stehen. Einen gewissen Eindruck von der Beziehung
zwischen Bevölkerungsdichte und Umweltbelastung gibt u. a. die mit
der wachsenden Zahl von Menschen stetig steigende Zahl ausge-
storbener Tier- und Pflanzenarten (Abb. 3). Noch deutlicher als die
Anzahl der ausgestorbenen Arten veranschaulicht die Zahl der vom
Aussterben bedrohten Arten die umweltbelastenden Eingriffe der
wachsenden Population des Menschen.

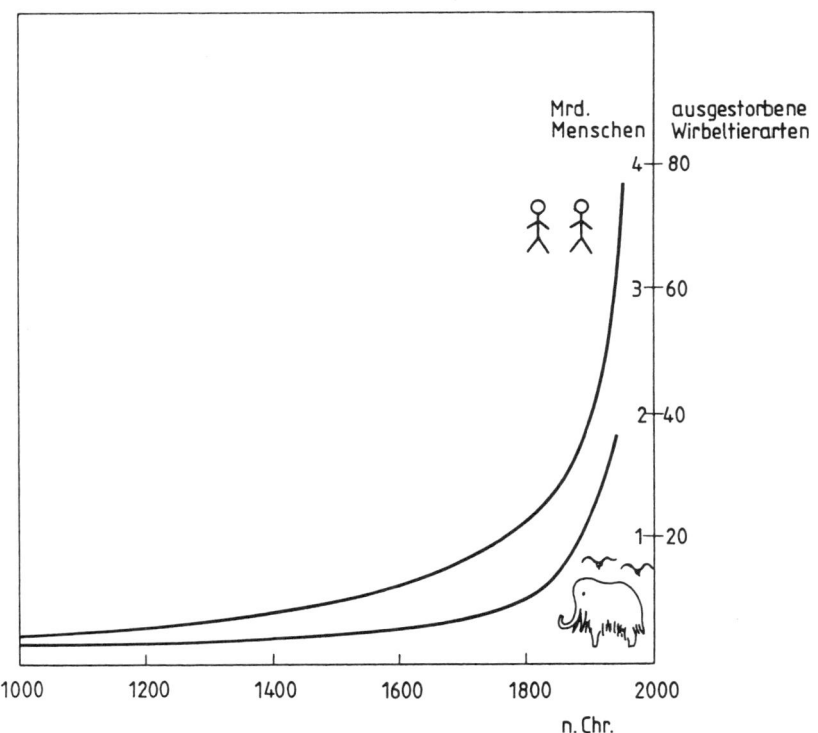

Abb. 3 Mit wachsender Bevölkerungszahl des Menschen sterben immer mehr Tier- und Pflanzenarten aus, hier dargestellt am
Beispiel der Wirbeltiere

3 Naturlandschaften und Baulandbedarf

Angesichts dieses Tatbestandes drängt sich die Frage auf, worauf das Zurückdrängen von Pflanzen und Tieren durch die Menschen beruht. Eine stetig steigende Bevölkerungszahl verursacht einen entsprechend steigenden Bedarf an Wohnraum, Industrie- und Gewerbeanlagen sowie an Verkehrswegen. Beispielsweise sind in Deutschland etwa 13 % der Gesamtfläche bebaut. Davon entfällt knapp die Hälfte auf Wohnungen und etwa ein Viertel auf Verkehrswege. Industrieanlagen nehmen etwa ein Zehntel der bebauten Fläche ein, und der Rest wird von militärischen Anlagen beansprucht. Die verbleibenden 87 % stellen keine unverbrauchten Naturlandschaften dar, vielmehr dient etwa ein Drittel der Gesamtfläche der forstlichen Nutzung, und knapp die Hälfte benötigt die Landwirtschaft. Wirklich ungenutzt bleiben nur einige, wenige Prozent, aber auch dieser kleine Rest wurde vom Menschen längst überformt, wie beispielsweise Brachland. Deshalb darf es nicht verwundern, daß die Artenzahl wild lebender Tiere und Pflanzen besonders in den dicht besiedelten Gebieten Mitteleuropas rapide sinkt. Dabei muß man berücksichtigen, daß die nicht bebauten Flächen durch die bebauten Areale ständig in Mitleidenschaft gezogen werden, wie beispielsweise durch Abwässer, Abgase, Bodenverdichtungen, Grundwasserabsenkungen und erhöhte Schallpegel.

Angesichts der ständig wachsenden Bevölkerung stellt sich die Frage, ob man zum Schutz der Freiflächen die Menschen alle in Hochhäusern mit möglichst kleinen Wohnungen unterbringen sollte. Doch beliebig eng darf man die Menschen nicht zusammenpferchen, weil sie im Laufe einer langen Entwicklungsgeschichte an große Lebensräume angepaßt waren, denn ihr Lebensablauf spielte sich hauptsächlich außerhalb von Zelten und Höhlen ab. Demgegenüber verbringt der Städter heute etwa 90 % seines Lebens in geschlossenen Räumen, teils in Wohnungen, teils in Gebäuden am Arbeitsplatz.

Ein Kompromiß zwischen dem anzustrebenden Schutz der Landschaft vor Verbauung und einer für den Menschen noch tolerierbaren Wohnform sieht man heute in vier- bis fünfstöckigen Häusern und Wohnungen, die es allen Bewohnern gestatten, sich bei Bedarf im Laufe des Tages zurückziehen zu können. Der Traum vom Häuschen im Grünen für jede Familie, so sehr er auch dem menschlichen Naturell entsprechen mag, darf heute nicht mehr zu

Ende geträumt werden. Die Landschaft würde sonst mit Wohnhäusern völlig zersiedelt. Das gleiche gilt für Verkehrs- und Industrieanlagen. Um diese These richtig verstehen zu können, müssen wir einen kurzen Exkurs in die Ökologie unternehmen.

Stellen wir uns ein möglichst naturnahes Grünland vor, dann haben sich dort im Laufe der Zeit viele Tier- und Pflanzenarten angesiedelt, jede Art an dem für sie am besten geeigneten Platz. Werden auf diesem Gelände Häuser errichtet und diese untereinander mit einem Netz von Verkehrswegen verbunden, dann wird dadurch die ursprüngliche Grünfläche in viele kleine Parzellen untergliedert, die durch Verkehrswege und Häuser mehr oder minder stark voneinander isoliert sind. Für viele der auf der ursprünglichen Freifläche lebenden Arten wird das Leben schwieriger: Lärm, Abgase, Abwasser, Bodenbelastungen und Grundwasserabsenkungen beeinträchtigen die Nahrungssuche, die Fortpflanzungsmöglichkeiten und die ungehinderte Ausbreitung über das gesamte Areal (Abb. 4). Mit abnehmender Fläche der verbliebenen Lebensräume oder Habitate nimmt die Artenzahl exponentiell ab. Dabei verschwinden zunächst die Endglieder von Nahrungsketten (Abschn. 5.1), d. h. räuberisch lebende Tiere. Außerdem werden Herdentiere zurückgedrängt, die große Weideflächen für ihre Ernährung benötigen. Dafür vermehren sich nun solche Arten stärker, die in der Nahrungskette weiter vorne stehen oder in kleinen Verbänden oder einzeln leben. Besonders das Fehlen von Räubern beeinträchtigt die Vitalität oder die Fitness der überlebenden Arten. Eine Artenreduktion auf kleiner werdenden Flächen vollzieht sich auch bei Pflanzen. Zu klein gewordene Flächen verfügen nicht einmal mehr über eine konstante Artenzusammensetzung.

Die hier angeführten Gesichtspunkte gilt es zu beachten, wenn Verkehrswege neu angelegt oder ausgebaut werden sollen (Abb. 4). Beispielsweise sind Trassenverbreiterungen stets der Neuanlage von Verkehrstrassen vorzuziehen, um die beschriebenen Artenverarmungseffekte auf kleiner werdenden Grünflächen zu vermeiden. Es kommt also nicht nur darauf an, mit Bauland möglichst sparsam umzugehen, sondern bei jeglicher Bebauung darauf zu achten, daß bestehende Lebensräume so wenig wie möglich zerstückelt werden, um einer Artenverarmung zu begegnen.

Einer anderen Form der Flächennutzung begegnen wir im Rahmen

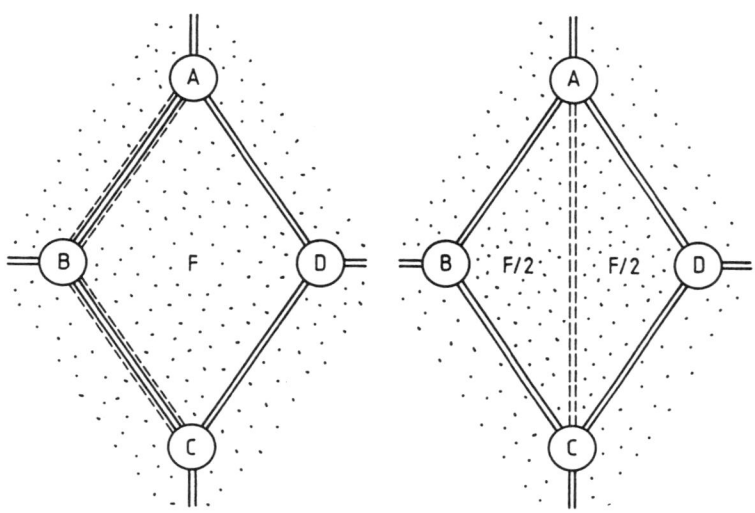

Abb. 4 Beispiele für die Anlage von Verkehrswegen. Im Beispiel
links wurde ein vermehrtes Verkehrsaufkommen von A nach
C durch Verbreiterung der bestehenden Trasse A - B - C erreicht, wobei die Freifläche F weitgehend geschont wurde. Im
Beispiel rechts wurde eine neue, kürzere Trasse A - C angelegt. Dabei wurde die Freifläche F mit allen sich daraus erge-
benden Nachteilen (s. Text) halbiert

einer marktwirtschaftlich orientierten Bereitstellung von Bauland für
Gewerbebetriebe. Viele Gemeinden sind bestrebt, Gewerbebetriebe
auf ihrer Gemarkung anzusiedeln, um sich lukrative Steuerquellen zu
sichern. Deshalb werden Freiflächen vorsorglich voll erschlossen, d. h.
mit allen erforderlichen Versorgungsleitungen und Verkehrsanschlüs-
sen versehen, um die Ansiedlung von Gewerbebetrieben nach
Möglichkeit zu erleichtern. Diese, den Gewerbebetrieben sehr
entgegenkommende Praxis weist jedoch unübersehbare, ökologische
Schattenseiten auf. Siedeln sich nämlich die erhofften Betriebe nicht
an, dann bleibt ein ungenutztes "Bauerwartungsland" als Ödland
zurück. Solche Fehldispositionen wiegen umso schwerer, wenn

dadurch landwirtschaftlich wertvoller Lößboden, ökologisch bedeutsame oder besonders schöne Landschaftselemente verwüstet wurden. Eine völlig freie Verfügbarkeit des immer knapper werdenden Vorrats an naturnahen Landschaftselementen kann sehr schnell zum Verbrauch der letzten Bodenreserven führen, wenn man sie als Spekulationsobjekte betrachtet und nicht mit einem ihrer Rarität angemessenen Preis ausstattet. Man könnte allerdings auch auf nicht monetärem Weg steuernd eingreifen: beispielsweise könnte ein Bundesumweltamt auf Grund bekannter Daten eine Prioritätenliste darüber erstellen, in welchen Landschaften am ehesten Gewerbebetriebe angesiedelt werden dürfen und welche Landschaften unbedingt zu schützen sind. Ferner wäre festzulegen, welche Art von Umweltbelastungen an den verschiedenen Standorten von Gewerbebetrieben ausgehen dürfen. Auch Baugenehmigungsverfahren könnte man stark beschleunigen, wenn die Gemeinden entsprechende Planungsgrundlagen vorsorglich schaffen würden.

Ganz sicher sind noch weitere Maßnahmen denkbar, wie ein unnötiger Landschaftsverbrauch einzudämmen ist, doch könnten die hier vorgeschlagenen Maßnahmen einen ersten Beitrag dazu leisten, die gegenwärtig noch hemmungslose Landschaftsverschwendung einzudämmen. Ähnlich wie die Anlage von Gewerbebetrieben sollte auch der Bau von Wohnungen und Verkehrstrassen einer von ökologischen Gesichtspunkten geprägten Großraumplanung unterliegen. Das kann zwar in Einzelfällen zu gewissen Einschränkungen individueller oder ökonomischer Freiheiten führen, doch sollte man sich darüber im klaren sein, daß mit zunehmender Bevölkerungsdichte und enger werdendem Lebensraum auf der Erde die Möglichkeiten völlig freier Betätigungen der Menschen automatisch eingeschränkt werden.

4 Ackerbau und seine ökologischen Folgen

Große Flächen benötigt die Landwirtschaft. Etwa ein Drittel der Fläche Deutschlands nutzt man zum Ackerbau und ca. ein Fünftel benötigt man als Dauergrünland für die Viehzucht. Obwohl es sich bei Äckern und Viehweiden um grünes Land handelt, beeinträchtigt es in mannigfacher Weise unsere Umwelt.

4.1 Bodenveränderungen

Ein ackerbaulich genutztes Land verdunstet, zumindest während der Brachezeit nach der Ernte, weniger Wasser als ein dicht mit Pflanzen bestandener Boden. Der Oberboden des Brachlands trocknet jedoch stärker aus, als der des durch Pflanzen beschatteten Bodens. Eine zu starke Austrocknung des Oberbodens schädigt die dort angesiedelten Kleinlebewesen und die von ihnen abhängige Humusbildung aus organischen Reststoffen. Landwirtschaftliche Bodennutzung wirkt sich auch auf die Grundwasserbildung der Landschaft aus. Wälder, wie sie in Mitteleuropa heimisch sind, halten das Niederschlagswasser nahezu komplett fest und führen es, soweit sie es nicht selber nutzen, dem Grundwasser zu. Im Feldbau muß man dagegen, je nach der angebauten Feldfrucht, mit einer Oberflächenabflußrate von mindestens 5-15 % rechnen. Das bedeutet, daß die Verdrängung des Waldes durch Ackerland den Grundwasserspiegel sinken läßt. Auch die Grundwasserqualität nimmt in Ackerlandgebieten gegenüber Waldlandschaften ab, wegen der verminderten Filterleistung der humusärmeren Ackerböden.

Ackerböden werden ungleich stärker erodiert als Böden, die dauernd von Pflanzen bedeckt sind. Besonders auffällig tritt dieser Effekt während der Brache nach der Ernte in Erscheinung. Über Jahrzehnte hinweg betrachtet, fallen diese Erosionsverluste durchaus ins Gewicht. Im Mittleren Westen der USA, wo man Prärieland z. T. in Ackerland verwandelte, waren die Erosionsverluste nach einigen Jahrzehnten so hoch, daß man den Ackerbau wieder aufgeben mußte. Bereits wenige Prozent Neigung des Geländes reichen aus, um die Erosionsverluste durch Regenwasser sichtbar werden zu lassen. Um diesen Effekt nach Möglichkeit einzudämmen, sollten in hügeligem Gelände die Ackerfurchen stets quer zur Hangneigung verlaufen. Außerdem sollte man darauf achten, an Geländeneigungen möglichst erosionshemmende Kulturen anzulegen, wie beispielsweise Weizen oder Klee, und nicht erosionsfördernde Kulturen, wie Mais, Kartoffeln, Rüben, Hopfen oder Wein. Ist man aus klimatischen Gründen dazu gezwungen, beispielsweise Wein in Hanglagen anzubauen, dann sollten die Bodenstreifen zwischen den Rebstöcken mit Dauergrünkulturen bestellt werden, oder man terrassiert besonders erosionsgefährdete Berghänge, wie beispielsweise im Kaiserstuhl.

Bodenerosion kann sogar bei einer geschlossenen Grasdecke in Hanglagen auftreten, wenn bei starker Beweidung die Hufe der Weidetiere Risse in der Grasnarbe hinterlassen. Bei ergiebigen Regenfällen schiebt sich dann der aufgeweichte Boden zu Wellen zusammen und kann talwärts abrutschen.

Im modernen Ackerbau ist man bestrebt, große Flächen mit entsprechend dimensionierten Maschinen zu bearbeiten. Doch je schwerer die Geräte sind, desto stärker verdichten sie den Boden (Abb. 5).

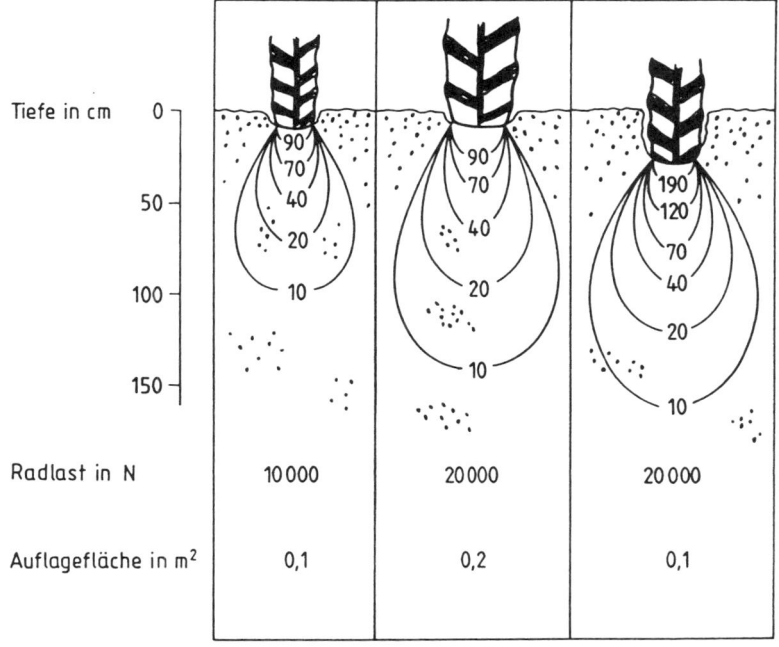

Abb. 5 Abhängigkeit einer Bodenverdichtung vom Gesamtgewicht der auflastenden Maschine und deren Kontaktflächendruck (= Druck/Flächeneinheit). Die birnenförmigen Linien unter den Rädern stellen Linien gleichen Bodendrucks dar, wobei der Druck in kPa angegeben ist (100 kPa entspricht 1 bar) (FEL 94, verändert)

Belastet man einen Boden, dann spielen dabei vor allem zwei Gesichtspunkte eine Rolle: das Gesamtgewicht, das auf den Boden einwirkt, sowie der Kontaktflächendruck, der sich aus dem Gesamtgewicht der Maschine und deren Auflagefläche auf dem Boden ergibt. Das Gewicht der Maschine ist besonders dafür verantwortlich, wie tief der Boden unter den Rädern verdichtet wird. Demgegenüber entscheidet der Kontaktflächendruck darüber, wie stark der Druck unter den Rädern ausfällt. Abb. 5 soll diese beiden Gesichtspunkte veranschaulichen.

Weiterhin ist es bedeutsam, wie sich eine Bodenverdichtung auswirkt. Von Natur aus besteht ein Boden aus locker übereinanderliegenden Teilchen, die zwischen sich kleine Hohlräume, die sog. Bodenporen, einschließen. Da diese Poren untereinander in Verbindung stehen, bilden sie ein Durchlüftungssystem, das auch pflanzenverfügbares Wasser zu speichern vermag. Bei Bodenbelastungen werden die Teilchen dichter zusammengeschoben und damit die Hohlräume verengt. Genauer gesagt, werden vor allem die sog. Grobporen mit einem Durchmesser von mehr als 10 μm und die Mittelporen mit einem Durchmesser von 0,2 - 10 μm komprimiert. Dadurch wird die Belüftung des Bodens ebenso vermindert wie dessen Vermögen, pflanzenverfügbares Wasser zu speichern. Auch die nicht so stark verdichteten Poren von weniger als 0,2 μm Durchmesser speichern noch immer Wasser, doch wird es dort so festgehalten, daß es die Pflanzenwurzeln nicht mehr aufnehmen können.

Sobald Bakterien und andere Bodenlebewesen die Sauerstoffreste verdichteter Böden veratmet haben, stellt sich auf Grund der verschlechterten Durchlüftung   Sauerstoffmangel ein. Nun vermehren sich bevorzugt Mikroorganismen, die ihren Energiebedarf durch Reduktion geeigneter Mineralstoffe decken, die sog. Anaerobier. Auf diese Weise können dreiwertige Eisenverbindungen zu zweiwertigen reduziert werden, vierwertige Manganverbindungen zu zweiwertigen, Sulfate zu Sulfiden und Nitrate zu Nitriten, Lachgas oder zu elementarem Stickstoff. Alle diese und weitere Reduktionsprozesse im Boden verschlechtern die Bodenfruchtbarkeit, weil die reduzierten Verbindungen in größerer Menge teils giftig wirken (z. B. Mangan), teils unlöslich sind (z. B. Sulfide) oder sogar als Gas den Boden verlassen (z. B. Lachgas und Stickstoff). Zum Teil verdrängen die reduzierten Stoffe (z. B. zweiwertiges Eisen) auch wichtige

Pflanzennährstoffe aus ihrer Bindung an Bodenpartikel. Abgesehen von der verminderten Fruchtbarkeit verdichteter Böden, wird auch die Atmung der Pflanzenwurzeln erheblich beeinträchtigt und damit deren Fähigkeit, Mineralstoffe aufzunehmen und in der Pflanze weiterzuleiten. Schließlich stellen die zusammengepreßten Bodenpartikel eine mechanische Barriere für die Pflanzenwurzeln dar. Die Nachteile von Bodenverdichtungen versucht man durch künstliches Auflockern zu beheben. Dabei wird zwar die Durchlüftung des vormals verdichteten Bodens wieder verbessert, aber die Auflockerung des Bodengefüges reicht in der Regel höchstens 30 - 40 cm tief, während beispielsweise ein Raddruck von 1 bar den Boden bereits bis zu 1 m Tiefe verdichtet. So entsteht, wenn auch in abgemilderter Form, ein gewisser Blumentopfeffekt d. h., die Pflanzenwurzeln erschließen lediglich den gelockerten Bodenbereich und dringen in den verdichteten Bereich kaum noch ein. Eine mechanische Bodenlockerung stellt außerdem nicht den ursprünglichen Zustand wieder her, vielmehr bleiben auch nach dem Auflockern Bodenaggregate mit hohem Feinporenanteil zurück. Die Lockerungsarbeiten haben lediglich neue Grobporen geschaffen, dabei aber das ursprünglich bestehende Kanälchen- und Kapillarensystem des Bodens zerrissen, so daß eine ungestörte Wasserbewegung von oben nach unten und umgekehrt nicht mehr in dem Ausmaß möglich ist, wie zuvor. Daneben bringen mechanische Lockerungen weitere Nachteile für den Boden mit sich, wie Verletzungen von Bodentierchen und die Aufhebung der natürlichen Schichtung des Humus im Boden.

4.2 Veränderungen der Landschaft

Eine intensiv betriebene Landwirtschaft umfaßt nicht nur Maßnahmen wie Kulturpflanzenzüchtung, Einsatz von Mineraldüngern und synthetischen Pflanzenschutzmitteln, sie umfaßt auch Maßnahmen zur möglichst wirtschaftlichen Bearbeitung der Böden. Dazu benötigt man große, zusammenhängende Anbauflächen und leistungsfähige Landmaschinen, die von möglichst wenig Personal bedient werden können. Bei der Schaffung großer, zusammenhängender Anbauflächen wurden Hecken, Baumgruppen und Feldraine, die vormals die Flur gliederten, weitgehend beseitigt. Nicht zuletzt wegen des starken Preisdrucks auf

Agrargüter begann man mit jedem Quadratmeter Boden zu rechnen, und so wurden Ackerflächen auch bis unmittelbar an Gewässer- und Straßenränder herangeführt, womit man weitere Restbestände natürlicher Vegetation beseitigte. Diese tiefgreifende Umstrukturierung der Agrarlandschaft im Verlaufe dieses Jahrhunderts war mit unverkennbaren Nachteilen für diese Landschaften verbunden, die nachfolgend kurz angesprochen werden sollen.

Flurgliedernde Gehölze schaffen beispielsweise charakteristische Kleinklimabedingungen, die sie für landwirtschaftliche Kulturen durchaus interessant machen. Dazu gehört die Verminderung der Windgeschwindigkeit auf der Windschattenseite, die bis zu einer Entfernung, die dem zwanzigfachen der Heckenhöhe entspricht, nachweisbar ist. Dadurch verdunstet nicht nur weniger Bodenfeuchtigkeit, es wird auch weniger trockenes Erdreich nach der Ernte vom Wind ausgeblasen. Im Bereich der windabgewandten Heckenseite bildet sich auch mehr Tau in den frühen Morgenstunden, der vor allem in trockenen Sommern eine wichtige Wasserquelle für die Pflanzen darstellt. Außerdem herrschen hier tagsüber im allgemeinen etwas höhere Temperaturen als auf freiem Feld, was dem Wachstum der Pflanzen zugute kommt. Diesen vorteilhaften Einflüssen der Hecken stehen allerdings auch einige negative Auswirkungen gegenüber. Beispielsweise schmilzt der Schnee auf der Windschattenseite einige Tage später als auf freiem Feld, und die Gehölze können zumindest die nächststehenden Kulturpflanzen beschatten und dem Boden mit ihren Wurzeln Wasser entziehen. Allerdings werden diese Einflüsse nur bis zu einem Abstand wirksam, der der doppelten Heckenhöhe entspricht. In größerer Entfernung dominieren dagegen die günstigen Einflüsse. So ist es nicht verwunderlich, daß im Einflußbereich der Hecken die Erträge der Kulturpflanzen insgesamt um etwa 10 - 20 % höher ausfallen, als auf dem freien Feld. Eine Beeinträchtigung der Kulturpflanzen durch Schädlinge, die die üblichen Befallszahlen im Freiland übersteigen, konnte nicht nachgewiesen werden.

Neben solchen rein praktischen Belangen für die Landwirte besteht die ökologische Bedeutung flurgliedernder Gehölze und Feldraine besonders in ihrem Artenreichtum, der ganz maßgeblich dazu beitragen könnte, der Artenverarmung von Kulturlandschaften entgegenzuwirken. Beispielsweise zählte man in dichten, alten Hecken Norddeutschlands unter Mitberücksichtigung der Bodenfauna bis zu

1800 verschiedene Arten, unter denen vor allem Blütenpflanzen, Gliederfüßler, Schnecken und Vögel dominieren.

Zur Neuanlage von Hecken werden derzeit nicht nur entsprechende Gehölze angepflanzt, sondern man wählt auch die kostengünstigere, wenngleich etwas längere Entwicklungszeiten erfordernde Art der Anlage sog. Benjes-Hecken. Dazu schichtet man Reisig und abgeschnittenes Astwerk wallartig auf. Im Schutze dieser siebartig durchlässigen Wälle können sich Gehölzpflanzen entwickeln, deren Samen durch Wind, Wild oder Vögel dorthin gebracht wurden. Außerdem siedeln sich hier sehr rasch verschiedene Tierarten und Kräuter an.

Die soeben angesprochene Artenverarmung in Kulturlandschaften geht auf mehrere, grundverschiedene Ursachen zurück. Die eine besteht darin, daß die ständige Bewirtschaftung der Ackerflächen dazu führt, daß sie sich in gewisser Weise wie neu zu besiedelnde Brachflächen verhalten d. h., unter den sich spontan entwickelnden Wildpflanzen finden sich lediglich sog. Erstbesiedler oder Pioniergewächse. Ausdauernde Pflanzen und von diesen abhängige Tiergesellschaften werden damit automatisch verdrängt. Eine ganz andere Ursache stellen die modernen Kulturpflanzensorten dar, die einer besonders intensiven Düngung bedürfen, um hohe Erträge zu erzielen. Die hohen Düngergaben lassen jedoch unter den Wildkräutern bevorzugt die stickstoffliebenden Ruderalpflanzen bevorzugt wachsen, wie Brennesseln, Schöllkraut, Mieren, Disteln und andere mehr. Andere Wildpflanzen werden dadurch weitgehend verdrängt. Das gilt auch für mehr oder minder große Randbereiche der Kulturflächen, die unbeabsichtigt mitgedüngt werden. Auch die Bodenverdichtung durch Landmaschinen führt zu einer gewissen Artenverschiebung, denn nicht jede Art erträgt das Überrollen durch Fahrzeugreifen und nicht jede Art kann auf verdichteten Böden gedeihen. Hier überleben nur widerstandsfähige Gewächse, wie etwa Vogelknöterich, Rispengras oder Wegerich. Schließlich führt die Behandlung des Ackerbodens mit Pflanzenschutz- und Bodenentseuchungsmitteln zu einer Ausdünnung der Artenvielfalt. Herbizide wie etwa die 2,4-Dichlorphenoxiessigsäure vernichten zweikeimblättrige Pflanzen, während einkeimblättrige Pflanzen (z. B. Gräser) überleben. Sogar Insektizide können empfindliche Pflanzenarten schädigen.

Die durch die Landwirtschaft auf vielen Ebenen verursachte

Einschränkung der Artenvielfalt sollte uns nicht völlig gleichgültig lassen, denn mit sinkender Artenzahl nimmt meist die Pflegebedürftigkeit eines künstlichen Ökosystems zu, wenn man es in seinem Zustand erhalten will. Schließlich ist zu berücksichtigen, daß artenreiche Ökosysteme stets Ökosysteme darstellen, die über eine reiche genetische Vielfalt verfügen. Diese genetische Vielfalt dient einerseits den Menschen als Reservoir für Erbanlagen, die züchterisch weiterverwendet werden können, andererseits stellt sie eine wichtige Voraussetzung für die Weiterentwicklung der Lebewesen, auch unter den sich ändernden Umweltbedingungen dar.

4.3 Wasserbelastungen

Ein völlig andersartiger Einfluß der Landwirtschaft auf den Naturhaushalt erwächst aus umfänglichen Wasserbelastungen. Die wichtigsten Quellen dafür bilden Fäkalien aus der Viehzucht, Silosickersäfte aus der Tierfuttergewinnung sowie Mineraldünger und Pflanzenschutzmittel aus dem Ackerbau.

Dort, wo auf Grund einer intensiv betriebenen Viehhaltung große Mengen an Mist, Gülle, Jauche und Silosickersaft anfallen, ist naturgemäß der Wunsch groß, möglichst viel von diesen Abfällen auf Felder und Wiesen auszubringen. Von den Pflanzen nicht aufgenommene, wasserlösliche Verbindungen werden dann mit dem Regenwasser in Oberflächengewässer oder in das Grundwasser gespült. Ein ganz ähnliches Problem ergibt sich bei der Anwendung von billigen Mineraldüngemitteln: wird dem Boden mehr zugeführt, als die Pflanzen innerhalb kurzer Zeit aufnehmen können, dann werden die Überschüsse ebenfalls mit dem Regenwasser in Grund- und Oberflächenwasser verfrachtet. Diese Form der Wasserbelastung könnte man zwar sehr einfach vermeiden, wenn man weniger Düngemittel auf die Felder ausbrächte, doch drohen schon bei geringer Unterdosierung gewisse, wenn auch nicht allzu große Ertragseinbußen, die sich der Landwirt wegen des Preisverfalls von Agrargütern auf keinen Fall leisten kann. Folglich wird er eher zu einer Über- als zu einer Unterdüngung tendieren, solange die eingesetzten Düngemittel billig sind. Die drohende Belastung der Gewässer, vor allem mit wasserlöslichen Stickstoff- und Phosphatverbindungen (= Eutrophierung) kann sich bis in küstennahe Meeresbereiche erstrecken.

Die Folgen einer Eutrophierung bestehen insbesondere darin, daß sich Algen und andere Kleinlebewesen im Wasser wegen des erhöhten Nährstoffangebots sprunghaft vermehren. Da alle diese Lebewesen atmen, nimmt dementsprechend auch der Sauerstoffverbrauch zu, und deshalb wird in eutrophiertem Wasser stets dessen Gehalt an gelöstem Sauerstoff rasch reduziert. Der dadurch hervorgerufene Sauerstoffmangel läßt viele der sauerstoffbedürftigen Kleinlebewesen absterben. Deren Leichen dienen wiederum anderen Lebewesen als Nahrung und so nimmt das Nährstoffangebot des Gewässers weiterhin zu. Mit schwindendem Sauerstoffgehalt vermehren sich nun immer mehr anaerob lebende Mikroorganismen, die abgestorbenes, organisches Material ohne Sauerstoffverbrauch durch Gärung abbauen. Dabei entstehen Faulgase, die neben Methan und Kohlendioxid auch die giftigen Gase Ammoniak und Schwefelwasserstoff enthalten. Ist dieser anaerobe Zustand erreicht, dann spricht man von einem "umgekippten" Gewässer.

Unter den sich massenhaft vermehrenden Algen in eutrophiertem Wasser können sich auch solche befinden, die Giftstoffe produzieren, sog. Phytoplanktontoxine. Diese Giftstoffe reichern besonders Wassertiere an, die sich vorzugsweise von Algen ernähren, wie Muscheln und einige Fischarten. Verwenden Menschen diese Tiere als Nahrung dann können auch sie die Phytoplanktontoxine aufnehmen. Außerdem können Menschen mit Phytoplanktontoxinen auch beim Baden in belastetem Wasser in Berührung kommen (Abb. 6). Auf der Außenhaut verursachen Phytoplanktontoxine Entzündungen, die sog. Nesselsucht. Werden sie mit der Nahrung aufgenommen, dann können sie zu Nervenschäden, Magen- und Leberkrebs führen. In warmen Sommermonaten, wenn die Gefahr der Massenvermehrung von Algen in eutrophiertem Wasser am größten ist, wird deshalb in küstennahen Bereichen vom Verzehr der Muscheln abgeraten. Harmloser, wenngleich trotzdem lästig, ist dagegen die Schaumbildung im Küstenbereich, die ebenfalls auf die Vermehrung von Algen im Wasser zurückzuführen ist.

Solange keine Änderung der Struktur der Landwirtschaft zu erkennen ist und ungeklärte oder mangelhaft geklärte, kommunale Abwässer in Flüsse und Meerwasser entlassen werden, bleibt nur der Weg offen, eutrophiertes Wasser zu reinigen, um die negativen

Auswirkungen von Stickstoffverbindungen und von Phosphaten abzufangen (Abschn. 6.6).

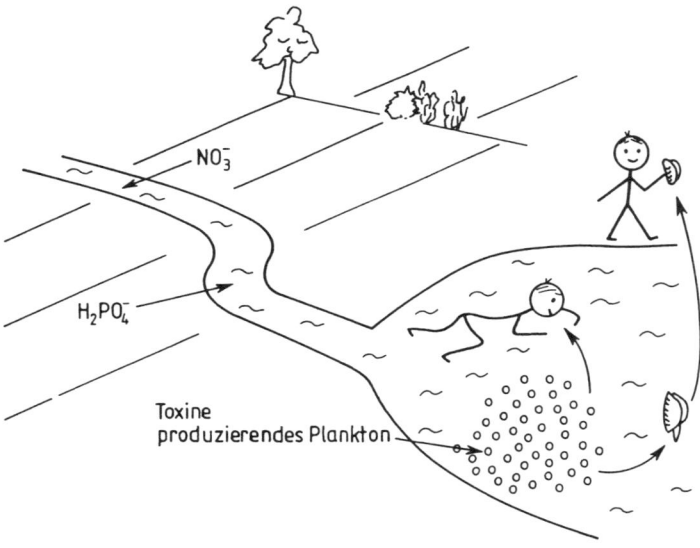

Abb. 6. Die Ursachen für eine Massenvermehrung von Algen und der Weg von Phytoplanktontoxinen zum Menschen

4.4 Pflanzenschutz und Pflanzenschutzmittel

Nicht nur Wasserbelastungen, sondern auch die Belastung von Lebensräumen auf dem Land gehen von den in der Landwirtschaft eingesetzten Pflanzenschutzmitteln oder Pestiziden aus. Ursprünglich hatte man es sich so praktisch vorgestellt: mit Hilfe hochwirksamer

Pestizide vernichtet man sehr gründlich alle störenden Pflanzen, Tiere und Pilze, so daß die Nutzpflanzen alleine für die Menschen übrig bleiben. Dieses Ziel hoffte man umso leichter zu erreichen, je weniger die verwendeten Stoffe auf Menschen giftig wirken. Von dem inzwischen in Verruf geratenen Dichlor-diphenyl-trichlorethan (DDT) konnte ein Mensch etwa einen halben Teelöffel voll zu sich nehmen, ohne dadurch zu erkranken. Doch die Freude währte nicht lange. Bald schon mußte man feststellen, daß Schädlinge gegen die eingesetzten Pestizide resistent werden können. Zwar läßt eine fortgesetzte Anwendung von DDT oder anderen Mitteln die Schädlingspopulation auf einen kleinen Rest von Individuen schrumpfen, doch diese wenigen Organismen entpuppten sich als Träger von Resistenzmerkmalen gegenüber dem angewendeten Wirkstoff. Zunächst sind solche resistenten Lebewesen lediglich Ausdruck der genetischen Vielfalt großer Populationen. In Gegenwart des ausgebrachten Pestizids können sich diese Organismen nahezu ungehindert vermehren, weil alle empfindlichen Lebewesen gestorben sind und keine Konkurrenz für die resistenten Individuen mehr darstellen. In der neu aufgebauten Population werden wiederum Erbänderungen auftreten, die eine Verbesserung der bisher vorhandenen Resistenz bedeuten, und bei erneutem Pestizideinsatz werden die mit den wirksamsten Resistenzeigenschaften ausgestatteten Individuen die besten Überlebenschancen besitzen. Auf diese Weise werden im Laufe der Zeit immer besser an die verwendeten Pestizide angepaßte Organismen entstehen, so daß nach einigen Jahrzehnten der Anwendung von Schädlingsbekämpfungsmitteln die Schädlingspopulationen kaum noch dezimiert werden. Will man sie dennoch wirksam bekämpfen, dann muß man auf einen neuen Wirkstoff ausweichen, an den sich die Lebewesen noch nicht anpassen konnten. Die Erfahrungen aus jahrzehntelangen Pestizidanwendungen haben gelehrt, daß es bisher nie möglich war, mit Hilfe eines Schädlingsbekämpfungsmittels eine Tier-, Pflanzen- oder Pilzart völlig auszurotten. Stets überlebten einige weniger empfindliche Individuen, die dann den Ausgangspunkt zur Bildung einer neuen, resistenteren Schädlingspopulation bildeten.

Bei der Suche nach immer neuen Wirkstoffen stößt man sehr bald an Grenzen, denn gute Wirkstoffe mit einer noch vertretbaren Toxizität gegenüber Menschen und anderen, nicht zu bekämpfenden

Organismen sind rar, und die erforderlichen Prüfverfahren bis zur Marktfähigkeit eines neuen Produkts verschlingen viele Millionen Mark und beanspruchen Zeiträume von ca. 10 Jahren. Neben diesen Schwierigkeiten bringen Pestizide noch ein weiteres Problem mit sich. Besonders langlebige und gut fettlösliche Schädlingsbekämpfungsmittel schädigen, sozusagen als unerwünschter Nebeneffekt, z. T. Pflanzen- und Tierarten, die verschont werden sollten. Solche, nie ganz vermeidbaren Schäden zeigen, daß eine auf ganz bestimmte Organismengruppen zielende Pestizidanwendung stets eine mehr oder minder breite Spur ökologischer Schäden nach sich zieht. So entpuppen sich bei näherer Betrachtung die chemischen Schutzmaßnahmen für Kulturpflanzen als eine zwiespältige Angelegenheit, die nicht nur in ihrer Wirksamkeit zeitlich begrenzt ist, sondern die darüberhinaus Schäden in schwer abschätzbarem Umfang hinterläßt, deren Auswirkungen wir oft genug erst wesentlich später feststellen.

In der Landwirtschaft setzt man aus verschiedenen Gründen Pflanzenschutz- und Schädlingsbekämpfungsmittel ein. Im Ackerbau bedient man sich der Pflanzenschutzmittel, u. a. um Unkrautkonkurrenz der Kulturpflanzen zu beseitigen. Zwar könnten die Kulturpflanzen eine gewisse Unkrautkonkurrenz ohne nennenswerte Ertragseinbußen tolerieren, aber der stark maschinisierte Feldbau erfordert eine besonders intensive Unkrautbekämpfung, denn ein Mähdrescher verteilt umso mehr Unkrautsamen auf dem Feld, je mehr Unkräuter zum Zeitpunkt der Ernte auf dem Feld stehen. Auch im Rübenanbau ist eine intensive, chemische Unkrautbekämpfung erforderlich, weil heute ein Vereinzeln der Jungpflanzen von Hand, und das damit verbundene Entfernen von Unkräutern, nicht mehr erforderlich ist, denn inzwischen nutzt man Saatgut, das nur noch Einzelpflanzen auskeimen läßt. Neben Herbiziden verwendet man häufig Fungizide im Ackerbau, um Mehltau, Rostpilze, Brandpilze und weiteren Pilzbefall zurückzudrängen. Mit Insektiziden versucht man, Schadinsekten und deren Larven zu bekämpfen. Nach der Ernte und vor der Neuaussaat wird häufig der nackte Ackerboden mit sog. Bodenentseuchungsmitteln besprüht, um Quecken und andere, im Boden überdauernde Schadorganismen zu beseitigen. Insgesamt werden in Deutschland pro Jahr ca. 30000 t Pflanzenschutzmittel angewendet. Diese Zahl bezieht sich lediglich auf die reinen

Wirkstoffe und nicht auf die Menge der ausgebrachten Fertigpräparate, in denen die Wirkstoffe mit verschiedenen Zuschlägen versehen werden, um sie in eine geeignete Form für die verschiedenen Anwendungsverfahren zu bringen.

Beim Versprühen und Verstäuben der Pflanzenschutzmittel gelangen schätzungsweise etwa 50 % nicht an die zu schützenden Pflanzen, sondern werden verweht oder tropfen auf den Boden oder gelangen in Oberflächen- und Grundwasser. Wassertiere reagieren in der Regel viel empfindlicher auf Pflanzenschutzmittel als Menschen und andere Warmblüter. Deshalb dürfen Pestizide nicht in unmittelbarer Nähe von Oberflächengewässern versprüht werden. Bis zum Grundwasser vorgedrungene Pestizide können auch in das Trinkwasser gelangen. Deshalb wurde dafür eigens ein Grenzwert von 0,1 µg/l festgesetzt. Sollten mehrere Pestizide gleichzeitig im Trinkwasser auftreten, dann dürfen sie zusammen 0,5 µg/l nicht überschreiten. Doch der Mensch kann nicht nur über das Trinkwasser, sondern ungleich häufiger über die tägliche Nahrungsaufnahme und über die Luft mit Pestiziden konfrontiert werden.

In das Wasser gelangte Pflanzenschutz- und Schädlingsbekämpfungsmittel können die Reinigungsleistung von Kläranlagen beeinträchtigen. Da Abwässer die Kläranlagen meist innerhalb einiger Stunden passieren, werden mitgeführte Pestizide meist nicht vollständig abgebaut. Pestizidreste können deshalb sowohl im geklärten Wasser als auch im Klärschlamm auftreten.

Um das Pestizidproblem einzudämmen, das nicht nur die Wasserbelastung betrifft, sondern auch die Belastungen von Nahrungsmitteln, Boden und Luft, sollte die Pestizidanwendung so weit wie möglich reduziert werden. Ganz ohne Pflanzenschutzmittel kommt man sicher nicht aus, wenn die Ernteeinbußen nicht zu hoch ausfallen sollen. Es gibt aber verschiedene Verfahren, den Pestizideinsatz einzuschränken. Dazu gehören der sog. integrierte Pflanzenschutz, bei dem chemische und biologische Bekämpfungsmaßnahmen einander ergänzen, pflanzenbauliche Maßnahmen, bei denen der Schädlingsbefall durch geschickte Fruchtfolge und geeignete Zwischenkulturen minimiert wird, sowie Resistenzzüchtung, die darauf abzielt, Kulturpflanzen gegenüber den am häufigsten auftretenden Schädlingen widerstandsfähiger zu machen, ohne dabei an Ertragsfähigkeit einzubüßen. Einige Beispiele sollen diese Schlagworte illustrieren.

Der integrierte Pflanzenschutz strebt beispielsweise an, die Massenentwicklung von Schädlingen oder deren maximale Ausbreitungsaktivität (z. B. Flugaktivität) rechtzeitig vorauszusagen, so daß Pflanzenschutzmittel nicht mehr vorbeugend während der gesamten Vegetationsperiode ausgebracht werden müssen, sondern nur noch gezielt dann, wenn mit einem Massenbefall zu rechnen ist. Im Gartenbau versucht man seit einiger Zeit, Schädlinge durch deren natürliche Feinde zu dezimieren, etwa indem man Milben durch Raubmilben vernichtet, die man zuvor im Labor in großer Menge anzieht. Verschiedene Raupen kann man mit Hilfe von *Bacillus thuringiensis* beseitigen, dessen Sporen man ebenfalls zuvor im Labor produziert. Die ins Freiland ausgebrachten Sporen werden von den Raupen mit der Nahrung aufgenommen und keimen in deren Darm aus. Dabei werden die Raupen vergiftet. Für Menschen sind diese Bazillen ungefährlich. Bestimmte Schädlinge, wie Borkenkäfer und Apfelwickler, können durch Pheromone (=Sexuallockstoffe) in eine Falle gelockt werden, wo man sie gezielt vernichtet. Soweit das Pheromon wahrgenommen wird, kann man auf diesem Wege den größten Teil der Männchen und etwa 50 % der Weibchen beseitigen.

Durch Fruchtfolgen versucht man, bestimmten Schädlingen über einige Jahre hinweg ihre Nahrungsgrundlage zu entziehen, beispielsweise wenn auf einem Rübenacker zwei Jahre lang Getreide angebaut wird. Die Bedeutung von Zwischenfruchtpflanzen besteht darin, daß sie auf bestimmte Tiere toxisch wirkende Stoffe ausscheiden können. So ist es zu verstehen, daß man beispielsweise Nematoden durch den Anbau von Gelbsenf als Zwischenfrucht bekämpfen kann.

Leider gehen nicht alle Bestrebungen in die Richtung, den Pestizideinsatz möglichst zu reduzieren, um deren unerwünschte Nebenwirkungen so gering wie möglich zu halten. Mit Hilfe gentechnischer Methoden stellt man besonders pestizidresistente Kulturpflanzensorten her, um sie mit erhöhten Pestizidgaben behandeln zu können, damit die immer resistenter werdenden Schädlinge dennoch abgetötet werden. Doch jeder Steigerung der Aufwandmenge eines Schädlingsbekämpfungsmittels konnten sich bisher die zu bekämpfenden Organismen im Laufe der Zeit anpassen, indem sie ihre Widerstandsfähigkeit erhöhten. Deshalb wird sich nur vorübergehend ein Erfolg einstellen, den man damit erkauft, daß sich verstärkt unerwünschte, ökologische Nebenwirkungen und eine zunehmende Gefährdung der Menschen selber einstellen werden.

Ein anderes Problem ergibt sich aus der weltweiten Anwendung von Pestiziden, ohne daß die gesetzlichen Bestimmungen für diese Anwendungen international vereinheitlicht wurden. In einigen großen Industrienationen, wie USA, Deutschland u. a., wurden im Verlaufe der vergangenen Jahre eine Reihe von früher verbreiteten Pestiziden wegen ökotoxikologischer Nebenwirkungen nicht mehr zur Anwendung freigegeben. Dazu gehören so bekannte Stoffe wie DDT, Lindan, Pentachlorphenol und andere. Dieses Anwendungsverbot im Herstellerland bedeutet aber keineswegs den völligen Verzicht auf solche Stoffe, vielmehr werden einige davon weiterhin produziert und an das Ausland verkauft, wo deren Anwendung noch nicht gesetzlich verboten ist. Die Hauptabnehmer für solche Produkte sind meist tropische Länder, die stets einen besonders hohen Bedarf an Pflanzenschutzmitteln haben, um ihre Nutzkulturen vor den sich dort vehement vermehrenden Schädlingen zu schützen. Damit setzt man die Gesundheit der Menschen jener Länder und die Existenz der Ökosysteme, in denen sie leben, aufs Spiel, und man bedenkt nicht, daß diese Stoffe über Nahrungs- und Futtermittel sowie in Form von Textilien und Gebrauchsgegenständen zu uns zurückkehren können.

5 Viehhaltung und die Ernährung der Menschen

Die Struktur der modernen Landwirtschaft wirft neben dem Pestizidproblem noch ganz andere Fragen auf, wie etwa die nach der für eine gesunde Ernährung erforderlichen Viehhaltung. Die Anzucht von Schlachtvieh ist mit einer Reihe von Schwierigkeiten befrachtet. Dazu gehören das Fäkalienproblem, die Kraftfuttergewinnung, die Wachstumsstimulation durch legale und illegale Zugaben zum Futter sowie die Gesundhaltung großer Viehbestände mit Hilfe von Antibiotika. Schließlich stellen sich in diesem Zusammenhang noch ganz andere Fragen, wie die nach einer artgerechten Tierhaltung, nach der Transportfähigkeit der Schlachttiere, nach der Beeinflussung der Eigenschaften des Fleisches und andere mehr. Wenn wir dieses Bündel von Fragen angehen wollen, muß zunächst geklärt werden, wieviel Fleisch der Mensch zu seiner Ernährung benötigt.

Diese einfach erscheinende Fragestellung bringt bereits die ersten
Probleme mit sich, denn je nach Interessengruppe wird sie sehr
unterschiedlich beantwortet, stets aber wissenschaftlich belegt, wie
man versichert. Will man unter solchen Voraussetzungen eine
einigermaßen verläßliche Antwort auf die gestellte Frage erhalten,
dann orientiert man sich am besten an den biologischen Grundlagen
des Menschen.

5.1 Die richtige Ernährung des Menschen

Versucht man die Entwicklungsgeschichte der Menschen zurückzu-
verfolgen, dann stößt man auf Urinsektenfresser, aus denen sich
unsere Vorfahren, die Urprimaten, abgeleitet haben. Alle unsere
Vorfahren, und auch wir selber, tragen typische Gebisse der
Omnivoren oder Allesfresser. Auch andere Baumerkmale der
Jetztzeitmenschen entsprechen denjenigen von Omnivoren, dazu
gehört u. a. die Darmlänge. Unserem Verdauungstrakt fehlen die für
reine Pflanzenfresser typischen Gärungsbereiche, in denen Cellulose
mit Hilfe von Mikroorganismen abgebaut wird, wie etwa ein langer,
sackartiger Blinddarm, oder ein großvolumiger Magensack. Wir
müssen deshalb davon ausgehen, daß der Mensch grundsätzlich
Mischnahrung aufnehmen und verdauen kann. Nur die fehlende
Spezialisierung auf bestimmte Nahrungsmittel hat es den Menschen
erlaubt, seine Ernährungsweise stets den herrschenden Umweltbedingungen anzupassen. So war es möglich, daß die Gattung Homo,
deren Ursprungsgebiet wahrscheinlich in Ostafrika liegt, nicht nur auf
die dort verfügbare Nahrung festgelegt war, nämlich vorzugsweise auf
tropische und subtropische Pflanzen. Mit fortschreitender Eroberung
der gemäßigten geographischen Breiten gelangten die frühen Menschen in Gebiete, in denen nicht mehr ganzjährig frische, vitamin-
reiche Pflanzenprodukte zur Verfügung standen. Im Winterhalbjahr
konnten sie nur überleben, wenn sie sich von Wild- und Fischfang
ernährten, was ihnen ganz offenbar gelang. Einen lupenreinen Pflanzenfresser, wie z. B. ein Rind, kann man nicht problemlos in seiner
Ernährung so drastisch umstellen, weil sein Stoffwechsel einer so
stark veränderten Ernährung nicht gewachsen ist. Dagegen hat uns der

Blick in die Entwicklungsgeschichte der Menschen gezeigt, daß sie von einer ganz überwiegend pflanzlichen Ernährung ebenso leben können wie von überwiegend tierischen Produkten. Wir brauchen uns deshalb nicht so sehr um den Streit zu kümmern, welche Ernährung die richtige ist, vielmehr können wir uns der heute sehr viel dringlicheren Frage zuwenden, welche Ernährungsform in einer Zeit der immer knapper werdenden Ressourcen auf dieser Erde die angemessene ist.

Zu diesem Zweck werfen wir zunächst einen Blick auf die sog. Nahrungskette der Lebewesen (Abb. 7). Nahrungsketten sind so auf-

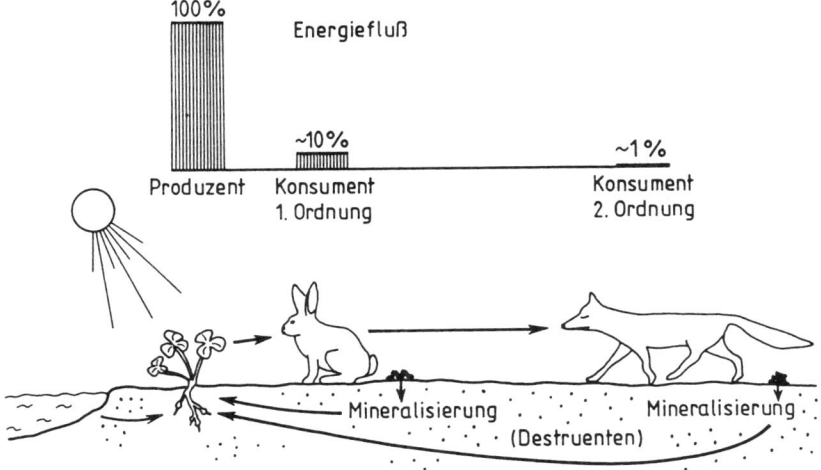

Abb. 7 Prinzip einer einfachen Nahrungskette und dem damit verknüpften Weg gebundener Sonnenenergie. In der Natur sind meist viele Nahrungsketten miteinander vernetzt (FEL 85, verändert)

gebaut, daß zu Beginn Pflanzen stehen, die mit Hilfe der Photosynthese reduzierte, d. h. energiereiche, organische Stoffe aufbauen. Die Pflanzen oder Produzenten werden von pflanzenfressenden Tieren oder Konsumenten 1. Ordnung als Nahrung genutzt. Die Pflanzenfresser oder Herbivoren dienen räuberisch lebenden Tieren als Nahrung, den Konsumenten 2. Ordnung. Diese könnten wiederum von Konsumenten 3. Ordnung verzehrt werden usw. Innerhalb einer solchen Nahrungskette wird die von den Pflanzen chemisch fixierte Sonnenenergie über mehrere Stufen von Konsumenten weitergegeben. Die ursprünglich pflanzeneigenen Stoffe werden teils unter Energiefreisetzung zu Kohlendioxid und Wasser abgebaut, teils zu körpereigenen Stoffen umgebaut. Auf diese Weise werden von Stufe zu Stufe der Nahrungsketten jeweils etwa 90 % der von einem Lebewesen mit der Nahrung aufgenommenen, chemisch fixierten Energie wieder freigesetzt. Dieser stufenweise Energieverlust läßt höchstens 4 - 5 Glieder in einer Nahrungskette zu, ehe sie abbricht. Würde man sich die Nahrungskette aus gleichgroßen Lebewesen vorstellen, die alle etwa die gleiche Stoffwechselaktivität besitzen, dann müßte auch die Anzahl der Individuen von Stufe zu Stufe um etwa 90 % abnehmen. In der Natur, wo die verschiedenen Arten von Lebewesen meist unterschiedlich groß werden, gilt zumindest für die Gesamtbiomasse der einzelnen Glieder der Nahrungsketten diese Regel von der Abnahme der Biomasse bzw. der darin fixierten Sonnenenergie.

Kehren wir nun mit diesem Wissen zur Ernährung der Menschen zurück: ökologisch gesehen, hängt das Ernährungsproblem des Menschen u. a. von dessen eigenem Verhalten ab. Verhält er sich als reiner Konsument 1. Ordnung (= Vegetarier), was zumindest näherungsweise möglich ist, dann können bei stets gleichbleibendem Ernteertrag etwa zehnmal so viele Menschen ernährt werden, als wenn er sich als Konsument 2. Ordnung verhält, d. h. wenn er sich von Rind- und Hähnchenfleisch ernährt. Um eine weitere Zehnerpotenz schrumpft seine Lebensgrundlage, wenn er sich als Konsument 3. Ordnung versteht, d. h. wenn er sich von tierfangenden Tieren ernährt, also von Hechtklößchensuppe und Thunfischbraten (Abb. 7). Auch wenn nicht jeder völlig auf Fleisch in seiner Ernährung verzichten will, so kann dennoch der Fleischkonsum reduziert werden, so daß er beispielsweise zu 90 oder 95 % zum Konsumenten 1. Ordnung wird. Eine solche Einschränkung könnte die Ernährungsgrundlage der Menschen deutlicher verbreitern, als wenn sie sich zu 50 % oder mehr als Konsumenten 2. oder höherer Ordnung verhalten.

Wenngleich aus ökologischer wie ernährungsphysiologischer Sicht der Fleischkonsum besonders in den europäischen Ländern gesenkt werden könnte, so umfaßt die Frage nach der Ernährung der Menschen

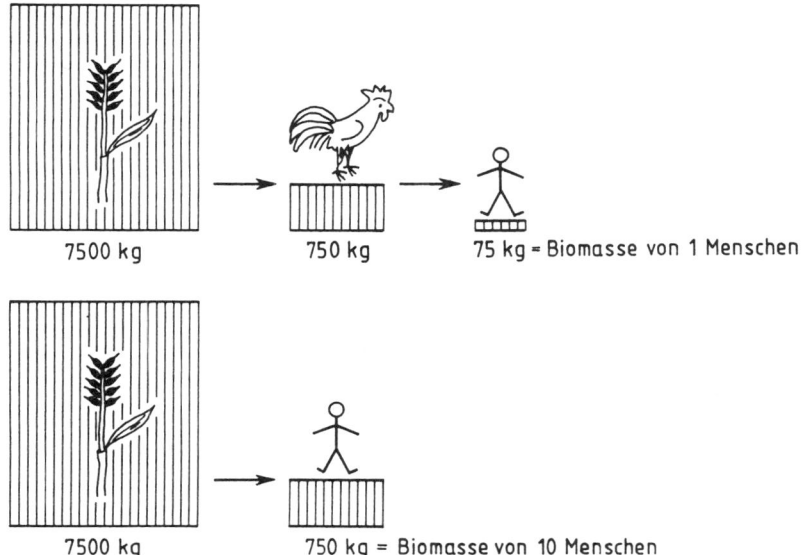

7500 kg   750 kg   75 kg = Biomasse von 1 Menschen

7500 kg   750 kg = Biomasse von 10 Menschen

Abb. 8 Stark vereinfachtes Schema zur Veranschaulichung der Bedeutung der Stellung des Menschen in der Nahrungskette
(FEL 85, verändert)

auch eine gesellschaftliche Komponente, die nicht völlig übergangen
werden darf. Während reine Konsumenten 1. Ordnung ständig
Nahrung zu sich nehmen, können bei fleischhaltiger Ernährungsweise
einige wenige Mahlzeiten pro Tag eingehalten werden, weil es der
hohe Nährwert des Fleisches ermöglicht. Die Mahlzeiten werden
traditionell zum Treffen der Familie oder von größeren Gruppen
genutzt, so daß damit regelmäßige Begegnungen und Gespräche
ermöglicht werden, die dem Zusammenhalt der sich treffenden
Gruppen dienen.

5.2   Viehhaltung und Umweltbelastungen

Die für eine fleischhaltige Ernährung notwendige Viehzucht bringt eine Reihe von Problemen mit sich, die besonders bei einer Massentierhaltung ins Gewicht fallen, wie etwa die Fäkalien der Tiere. Allein in Deutschland hinterlassen Schlachtvieh und Legehennen mehr Fäkalien als die 80 Mio. Menschen. Mehr als 3/4 der Exkremente aus der Viehhaltung stammen von Rindern. Da die Kläranlagen nur für die Beseitigung der Fäkalien der Menschen und der Abfälle kleiner und mittlerer Industriebetriebe ausgelegt sind, bringt man die Fäkalien aus der Nutztierhaltung in Form von Festmist oder Gülle (Mischung fester und flüssiger Abgänge) als Düngemittel auf Felder und Wiesen. Nur ein kleiner Teil wird kompostiert oder einer Biogasgewinnung zugeführt, weil diese Verfahren weitaus höhere Kosten verursachen als die Verwendung zur Felddüngung. In den Hauptviehzuchtgebieten sieht man sich so großen Mengen von Mist und Gülle gegenüber, daß man mehr von diesen Düngemitteln auf die Felder ausbringt, als die Pflanzen aufnehmen können. Überschüssige, wasserlösliche Komponenten, vor allem Stickstoffverbindungen, versickern deshalb in tiefer liegende Bodenschichten und belasten das Grundwasser. Daraus erwächst besonders dann eine Gefahr für die Menschen, wenn das Grundwasser zur Trinkwasserbereitung verwendet wird, denn Nitrate können in zu hoher Konzentration bei Säuglingen Blausucht verursachen, d. h. den Sauerstofftransport im Blut behindern, und bei Erwachsenen können sie im Magen nach vorheriger, mikrobieller Reduktion zusammen mit organischen Aminen mutagen und cancerogen wirkende Nitrosamine bilden.

Die Massentierhaltung wird auch durch ihren hohen Futtermittelbedarf problematisch, denn die heute geforderte, rasche Tiermast erfordert entsprechend hohe Nährstoffgehalte der Futtermittel. Leistungsfähige Futtermittelpflanzen bedürfen der gleichen, intensiven Anbaumethoden wie die Nahrungsmittelpflanzen für die Menschen. Da der Futtermittelbedarf im Inland nicht vollständig gedeckt werden kann, werden Futtermittel importiert. Besonders in Ländern der sog. dritten Welt werden Ackerflächen zur Futtermittelerzeugung genutzt, um damit Devisen auf den Weltmärkten zu erwirtschaften. Ökologische Schwierigkeiten erwachsen aus dieser Praxis insbesondere dann, wenn eigens zu diesem Zweck tropische Regenwälder oder andere, ökologisch wichtige Formationen beseitigt werden müssen. Auf diese Weise können in den Futtermittelerzeugerländern im Laufe der Zeit erhebliche Schäden entstehen, wie beispielsweise verstärkte Bodenerosion, verminderte Wasserrückhaltung wegen des Fehlens von Wäldern, und Verluste wichtiger Rohstofflieferanten, wie Hölzer oder pharmakologisch wichtiger Pflanzen. Der feldmäßige Anbau von Futterpflanzen erfordert besonders in warmen Ländern sehr intensive Pflanzenschutzmaßnahmen, wobei diese Agrarökosysteme besonders unter unerwünschten, ökotoxikologischen Nebenwirkungen der dort angewendeten Pestizide zu leiden haben, besonders, wenn es sich um persistente Wirkstoffe handelt.

5.3 Massentierhaltung und Tierseuchen

Trotz weltweiter Zulieferung von Viehfutter, auch aus Billiglohnländern, zwingt die Massentierhaltung zu sparsamem Umgang mit Futtermitteln, um die Fleischpreise niedrig zu halten. Dieser Zwang zum Sparen und das Bemühen um größtmögliche Rendite bei der Viehzucht führen schließlich dazu, auch gewisse Abfälle zu verfüttern, wenn es deren Nährwert zuläßt. So wurden auf diesem Wege bereits gefährliche Tierkrankheiten verbreitet, wie zwei Beispiele zeigen sollen.

Im Jahre 1960 starben bei einer Massenvergiftung ca. 100000 Truthühner und zahlreiches anderes Geflügel innerhalb einer einzigen Woche. Auslöser für diese Katastrophe war Futter, das durch den Schimmelpilz *Aspergillus flavus* verdorben war. Dieser Schimmelpilz produziert den damals noch unbekannten Giftstoff Aflatoxin, von dem man heute sechs verschiedene Formen kennt. Da der gegen Kochen und Backen beständige Giftstoff auch für den Menschen sehr gefährlich ist und u. a. Leberkrebs hervorrufen kann, läßt man seither Futtermittel nicht mehr verschimmeln. Ein anderes Beispiel stellt die heute sehr bekannte Rinderseuche BSE (Bovine Spongiforme Enzephalopathie) dar. Für diese Seuche, die durch irreversible Hirnschäden der befallenen Tiere gekennzeichnet ist, macht man die Verfütterung von Schlachtabfällen verantwortlich, die von Schafen stammen, die an scrapy, einer Virusinfektion, erkrankt waren. Das Agens der BSE-Erkrankung erweist sich als außerordentlich widerstandsfähig und ist nicht durch einfaches Kochen zu inaktivieren. Obwohl Rinder reine Pflanzenfresser sind, verfüttert man an sie Tiermehl, wozu auch das der an scrapy erkrankten Schafe gehörte, um das Wachstum auf diese Weise zu beschleunigen. Da noch immer nicht mit letzter Sicherheit bekannt ist, ob die Krankheit BSE, deren Symptome der sog. Creutzfeldt-Jakob-Erkrankung beim Menschen sehr ähnlich sind, auf den Menschen übertragbar ist, müssen große Mengen tatsächlich und nur möglicherweise infizierter Rinder geschlachtet und entsorgt werden. Die Gefahr einer unkontrollierten Ausbreitung der Seuche sieht man u. a. auch darin, daß man sich nicht einmal sicher ist, ob das krankheitserregende Agens möglicherweise sogar über Gelatineprodukte verbreitet werden kann, die man aus Tierknochen gewinnt.

In dichten Tierbeständen können sich auch bekannte Infektionskrankheiten mit großer Geschwindigkeit ausbreiten. Viruserkrankungen, die medikamentös kaum zu behandeln sind, erfordern immer wieder Notschlachtungen in großer Zahl, wie etwa die Schweinepest, die auf den Menschen nicht übertragbar ist, jedoch große Tierbestände dezimieren kann. Gegen bakterielle Erkrankungen setzt man in großem Stil Antibiotika ein. Die dabei stets im Fleisch auftretenden Rückstände versucht man durch gesetzliche Regelung des zeitlichen Abstands von Antibiotikabehandlung und Schlachttermin zu minimieren. Wenn dennoch die Antibiotikaanwendung in der Tierhaltung zum Problem wurde, dann gibt es dafür noch weitere Ursachen. Antibiotika werden nicht nur therapeutisch, sondern auch gegen Streß und als Wachstumsstimulator verabreicht, was zwar für resorbierbare Antibiotika nicht mehr legal ist, dennoch aber mitunter praktiziert wird. Die große Gefahr fortgesetzter Antibiotikaanwendung besteht einerseits darin, daß Rückstände im Fleisch beim Menschen Allergien verursachen können. Eine weitaus größere Gefahr erwächst jedoch aus der Resistenzbildung der Bakterien gegen die angewendeten Antibiotika, die nach dem gleichen Prinzip abläuft, wie die Resistenzbildung von Schädlingen gegen Pestizide (Abschn. 4.4). Die Antibiotikaresistenz kann bei Bakterien auf unterschiedliche Weise gespeichert und weitergegeben werden. Erstens besitzt jede Bakterienzelle eine ringförmige DNS oder DNA ("Chromosom"), die vor jeder Zellteilung verdoppelt wird, so daß jede Tochterzelle bei der Teilung ein Exemplar davon erhält. Ein Resistenzmerkmal, das hier gespeichert ist, wird dementsprechend bei jeder Zellteilung an die beiden Tochterzellen weitergegeben. Zweitens können die Hälfte aller Bakterienarten oder mehr neben dem "Bakterienchromosom" noch ein Extrastückchen DNS besitzen, das meist in der Zelle als separater, kleiner DNS-Ring existiert, als sog. Plasmid oder Episom. Träger solcher Plasmide zeichnen sich durch die Fähigkeit aus, mit anderen Zellen "kopulieren" zu können, d. h. DNS auszutauschen, nachdem sie zuvor ihre eigene DNS, einschließlich des Plasmids, verdoppelt haben. Werden nun ein oder mehrere Resistenzmerkmale auf dem Plasmid gespeichert, dann kann diese Zelle ihre Eigenschaften auf andere Zellen übertragen, die ebenfalls zum DNS-Austausch befähigt sind, auch über Stammes- und Artgrenzen hinweg. So können Bakterienstämme oder Arten, die nie mit Antibiotika in Berührung kamen, resistent werden oder sogar multiresistent. Solcher DNS-Austausch kann im Körper von Menschen, Tieren, im Abwasser oder an anderen Orten stattfinden, wo Bakterien unterschiedlichster Herkunft aufeinandertreffen, auch auf dem Küchentisch. So tragen nicht nur Antibiotikabehandlungen in der Humanmedizin, sondern auch in der Tierhaltung immer mehr dazu bei, daß viele humanpathogene Stämme resistent gegen Antibiotika werden oder geworden sind. Eine Tierhaltung in kleinen Individuenzahlen, in möglichst gut voneinander isolierten Zuchtbetrieben, möglichst verbunden mit einer weitgehend dezentralisierten Tierfuttergewinnung, könnte die Ausbreitungsgefahr von Tierseuchen entscheidend vermindern.

5.4 Wirtschaftlichkeit der Tierzucht

Ganz anders geartet sind die Gefahren der Tierzucht, wenn Wirtschaftlichkeit das oberste oder   einzige Gebot darstellt. Unter dieser Voraussetzung müssen zwangsläufig die Grundregeln einer artgerechten Tierhaltung verlassen werden.

Um möglichst kleine Anzuchtflächen zu verbrauchen, werden die Tiere so eng wie möglich nebeneinander gestellt. Normale Bewegungs- und Auslaufmöglichkeiten sind dann nicht mehr gegeben. Die in dichten Beständen zwangsläufig auftretenden Aggressionen der Tiere untereinander versucht man durch Dämmerlicht zu dämpfen.

Bewegungsmangel läßt das Gewicht rascher steigen, fördert den Fettansatz und die Bildung von weniger gut durchblutetem Fleisch, dessen helle Farbe fatalerweise von den Verbrauchern häufig gewünscht wird. Das Bemühen um schnellstmögliches Wachstum verführt zur Beigabe von sog. Wachstumsbeschleunigern zum Futter, wie Vitamin B 12, Arsen, Antibiotika in kleinen Mengen, anabole Steroidhormone, sowie viele weitere Wirkstoffe. Solche Zusätze können nicht nur gesundheitsgefährdende Rückstände im Fleisch hinterlassen, sie fördern mitunter auch die Wassereinlagerung in das Fleisch, so daß das Schnitzel in der Pfanne beträchtlich schrumpft, wenn das Wasser verdampft. Bei allen diesen Problemen, die schließlich auch den Verbraucher betreffen, sollte man nicht vergessen, daß durch die Praktiken der Massentierhaltung auch die Tiere selber stark in Mitleidenschaft gezogen werden. Wirbeltiere sind Lebewesen, die Schmerzen, Angst und andere Formen des Streß bewußt empfinden und darauf mit physischen Erkrankungen oder mit Verhaltensstörungen reagieren, wie Lethargie, Ruhelosigkeit, Aggressionen und vielen anderen Formen von Fehlverhaltensweisen.

Ausschließlich wirtschaftliche Überlegungen geben vielfach Anlaß für lange Viehtransporte. Die geringstmögliche Belastung für die Tiere ergäbe sich, wenn sie möglichst am Ort ihrer Aufzucht geschlachtet würden, denn Ortsveränderungen bedeuten für das Vieh stets zusätzlichen Streß, der wiederum eine medikamentöse Behandlung zur Folge hat. Vor allem in Hochlohnländern, wie Deutschland, schlachtet man das Vieh nicht an den Aufzuchtorten in vielen Kleinbetrieben, sondern man zieht es vor, wenige, große Schlachthöfe einzurichten, womöglich sogar in benachbarten Billiglohnländern, und man akzeptiert es, das Schlachtvieh über große Strecken hinweg zum Schlachtort transportieren zu müssen. Das dicht zusammengepferchte Stehen der Tiere über viele Stunden hinweg in den Transportwagen und das gelegentliche Verenden einzelner Tiere unter derartigen Transportbedingungen nimmt man billigend in Kauf, weil dieses Verfahren noch immer preisgünstiger ist, als die Verarbeitung des Schlachtviehs an den Zuchtorten in vielen Kleinbetrieben. In entsprechender Weise wird auch Jungvieh vom Züchter zu den einzelnen Mastbetrieben befördert, wobei man ebenfalls das Risiko eingeht, daß Tiere unter den gegebenen Transportbedingungen zugrunde gehen.

Damit nun keine Mißverständnisse auftreten, sei ausdrücklich darauf hingewiesen, daß man natürlich kostendeckend arbeiten muß und daß dementsprechende Überlegungen zur Wirtschaftlichkeit auch bei der Viehhaltung sowie bei der Verarbeitung des Fleisches eine gewichtige Rolle spielen. Doch sobald das Profitdenken zur allein dominierenden Richtlinie erhoben wird, müssen Natur- und Umweltschutz ins Abseits geraten, und eine Verrohung der Umgangsformen mit den Tieren und letzten Endes wohl mit der gesamten Natur ist notwendigerweise die Folge.

Am Beispiel der Frage, ob eine Ernährung mit oder ohne Fleisch angemessen erscheint, sollte darauf aufmerksam gemacht werden, daß beim Zusammenwirken von Mensch und Natur in der Regel sehr viele Aspekte eine Rolle spielen, die man berücksichtigen sollte, um sich vor allzu einfachen Schlußfolgerungen zu schützen. In diesem Zusammenhang soll noch erwähnt werden, daß es sich einige tausend Eskimos problemlos leisten können, ihre Ernährung ganz überwiegend aus Fisch und Fleisch zu bestreiten, ohne daß auch nur die geringste Gefahr besteht, den Naturhaushalt ernsthaft zu gefährden. Dagegen müssen für die gewaltige Menge von 5, 6 oder gar 7 Mrd. Menschen ganz andere Maßstäbe angelegt werden, denn deren Nahrungsansprüche können sehr schnell zum Raubbau an den Ressourcen der Natur und damit an unseren eigenen Lebensgrundlagen führen. Die heute existierende, riesige Menschenmenge ist dazu genötigt, sich intensiv Gedanken darüber zu machen, wie sie im Einklang mit der Natur langfristig weiterexistieren kann, zumal die Weltbevölkerung noch immer zunimmt.

6 Wasserwirtschaft und Wasserverbrauch

In die Überlegungen zum schonenden Umgang mit der Natur sollte man nicht nur Tiere und Pflanzen, sondern auch nicht belebte Bestandteile der Natur einbeziehen, wie etwa das Wasser. Die große Bedeutung von Wasser für das Leben auf der Erde ist eh und je unbestritten, doch bei engerer Berührung mit großen Gewässern wurden diese oftmals als ungebändigte Störenfriede der Menschen empfunden. Alljährliche Überschwemmungen bedrohten Felder und Wohnsiedlungen, durch zu hoch anstehendes Grundwasser konnten

Böden auslaugen, Sauerstoff verlieren und vermooren. Über Gewässern und Mooren halten sich Nebelbänke besonders lange, so daß das Klima unwirtliche Züge erhält. Verlandende Seen und Teiche gehen in Moore über, die sodann Brutplätze für Mücken bilden. Alle diese unerwünschten Eigenschaften von Gewässern und Mooren versuchten die Menschen seit langem zu kontrollieren und einzudämmen.

6.1 Entwässerung von Mooren

Zu diesen Bemühungen, das Wasser zu kontrollieren gehörte die Entwässerung der als besonders menschenfeindlich geltenden Moore. In mühevoller und oftmals lebensbedrohender Arbeit zog man Entwässerungsgräben durch Moorlandschaften, um überschüssiges Wasser abzuleiten und den Boden damit trockenzulegen. Eine Reihe von Vorteilen versprach man sich als Lohn der Arbeit: Mückenplagen wurden beseitigt, die Luft wurde trockener und gesünder für die Menschen, und aus dem trocken gefallenen Moor konnte man Torf gewinnen, der zunächst vorwiegend als Brennstoff und später zunehmend als Bodenverbesserungsmittel eingesetzt wurde. Schließlich hatte man nach dem Abtorfen neue Ackerfächen gewonnen, die allerdings erst im Verlaufe etlicher Jahre befriedigende Erträge abwarfen, denn zunächst galt es, überschüssige Säuren im Boden mit Kalk zu binden und fehlende Pflanzennährstoffe durch Düngung zu ergänzen. Doch so nützlich das Trockenlegen von Mooren anfangs auch sein mochte, im Laufe der Zeit wurde man mitunter mit unerwünschten und unerwarteten Nebenwirkungen konfrontiert, die das Urbarmachen der Moore mit sich brachten. Beispielsweise wurde mit der Trockenlegung von Mooren eine wichtige Wasserquelle beseitigt, die zuvor das Grundwasser speiste, und deshalb sank der Grundwasserspiegel. Dieser mancherorts durchaus erwünschte Effekt konnte in anderen Gebieten den Oberboden zu stark austrocknen lassen. Mit der Kultivierung trockengelegter Moorböden hielten relativ artenarme und pflegebedürftige Agrar-Ökosysteme Einzug, während die natürlichen, sich selbst regulierenden Lebensgemeinschaften der Moore unwiederbringlich verschwanden. Daneben konnten Veränderungen eintreten, die die Menschen unmittelbar betrafen. Beispielsweise treten klimatische Schwankungen nach dem Trockenlegen von Mooren krasser in Erscheinung als zuvor, weil das ausgleichend wirkende Wasser nun fehlte. Ausgeprägtere Erwärmungen im Sommer wechselten mit stärkerer Abkühlung im Winter. Schließlich gingen mit der Entwässerung wichtige Quellen der Geschichtsforschung verloren, denn das saure, sauerstoffarme Moorwasser konserviert Holz, Pollen, Moose und sogar menschliche Leichen über Jahrtausende hinweg, so daß Moore tiefe Einblicke in die Kulturgeschichte der Menschen und in die Entwicklungsgeschichte der Vegetation gewähren.

6.2 Regulierung von Flußläufen und Bewässerungsmaßnahmen

Neben vielen Mooren machten Menschen stets Flußläufe zu schaffen. Ein natürlicher Flußlauf mäandriert d. h., er bildet Schlingen und Schleifen in der Landschaft, die oft genug wertvolle Nutzflächen zerstückeln. Die träge dahinfließenden, schlangenförmigen Flüsse sind für größere Schiffe kaum befahrbar, weil sie neben den vielen Windungen auch Untiefen und Inseln aufweisen, wie man es heute noch an der Loire in Frankreich beobachten kann. Mäandrierende Flüsse mit ihrem träge fließenden Wasser neigen außerdem dazu, bei Schneeschmelze oder bei sehr ergiebigen Niederschlägen die Flußtäler zu überschwemmen, wobei sich mitgeführter Schlamm auf den überfluteten Flächen ablagert.

In allen diesen Eigenschaften sah man zunächst nur Nachteile, die man durch Regulation der Flußläufe zu beseitigen versuchte. Außerdem wollte man Flüsse durch Begradigung ihres Laufs schiffbar machen, wie etwa den Oberrhein zwischen Basel und Mainz. Durch Begradigung des Flußbettes nimmt jedoch die Fließgeschwindigkeit des Wassers zu und damit dessen Erosionskraft, die das begradigte Flußbett oft innerhalb einiger Jahrzehnte bis zu mehreren Metern absinken läßt. Gleichzeitig sinkt notwendigerweise auch der Grundwasserspiegel und läßt den Boden des Flußtals trockener werden. Die stark wasserbedürftigen Auwälder verschwinden, und auf landwirtschaftlich genutzten Flächen müssen feuchtigkeitsbedürftige Kulturen, wie beispielsweise der Obstbau, durch trockenresistentere Pflanzen ersetzt werden, wie etwa Weizen und Tabak.

Das aus den begradigten Flußabschnitten rascher ablaufende Wasser kann im Unterlauf der Flußlandschaft, besonders nach der Aufnahme von Seitenflüssen, zur Zeit der Schneeschmelze über die Ufer treten, wie man es beispielsweise vom Rhein kennt. Hier liegen besonders am Unterlauf große Städte, die durch solches Hochwasser stark gefährdet werden. Deshalb wird heute die Forderung erhoben, im Oberrheingebiet abgeschnittene Altwasserschleifen des Flusses bei Hochwasser zu fluten und gegebenenfalls bestimmte Bereiche der durch Deiche geschützten Flußauen ebenfalls überschwemmen zu lassen. Der auf diese Weise verzögerte Wasserablauf würde die Überschwemmungsgefahr im Unterlauf des Flusses erheblich reduzieren.

Als man in Deutschland besonders während des 19. Jahrhunderts Flußregulierungen in Angriff nahm, konnte man die daraus resultierenden, teils dramatischen Veränderungen des Naturhaushalts und die damit verbundenen Umstrukturierungen der Landwirtschaft noch nicht genau vorhersehen. Heute kennt man aber solche Konsequenzen, und trotzdem strebt man immer wieder Flußregulierungen an, besonders um leistungsfähigere Wasserwege zu gewinnen. Angesichts der modernen Hauptverkehrsmittel wie Bahn, Straßen und Kanäle erscheint ein Ausbau von Flüssen mit noch einigermaßen naturnahem Verlauf als höchst fragwürdig. Ein Ausbau von Elbe, Saale, Spree und anderen, naturnahen Flußläufen, wie er ursprünglich einmal allein auf Grund von verkehrspolitischen Überlegungen geplant war, müßte diese Landschaften ähnlich katastrophal verändern, wie wir es vom Oberrheintal und vom Altmühltal kennen, und dieses Opfer würde man bringen, obwohl der Verkehr in Richtung Nordsee auch auf anderem Wege bewältigt werden kann.

Den durch bereits regulierte Flußläufe eingetretenen Grundwasserabsenkungen versucht man heute entgegenzuwirken, indem man das Flußwasser wiederholt durch Wehre anstaut. Dadurch vermindert man streckenweise die Fließgeschwindigkeit des Wassers und dessen Erosionskraft. Staustufen können jedoch, je nach Größe, mehr oder minder stark den Temperaturhaushalt des Flußwassers und dessen Sauerstoffgehalt beeinflussen, weil in den Staustufen das Wasser zur Ruhe kommt und nicht mehr ständig durchmischt wird (Abb. 9). Das Wasser nahe des Untergrunds wird deshalb kälter und ärmer an Sauerstoff als das Oberflächenwasser. Schließlich müssen sich Pflanzen und Tiere den veränderten Bedingungen im Staubereich

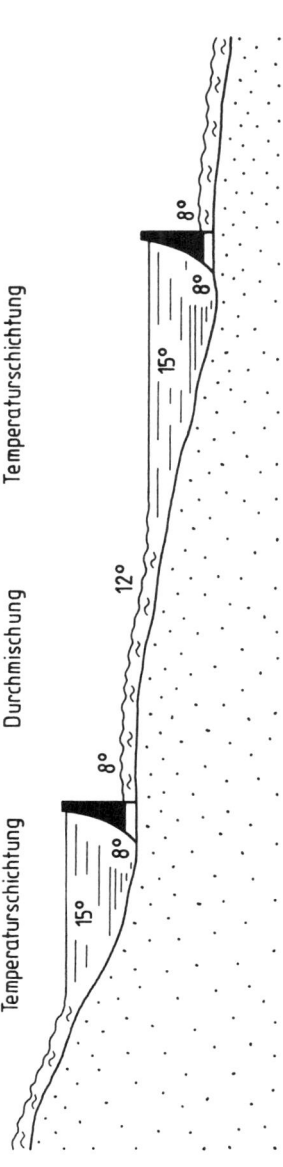

Abb. 9 Beispiel für die Beeinflussung des Temperaturhaushalts eines Flußlaufes durch Staustufen

anpassen. Unter den Fischen werden sich hier besonders Arten behaupten, wie man sie normalerweise in Teichen und Seen findet, wie Karpfen, Hecht, Barsch und entsprechende Arten.

In Extremfällen kann sich die Aufeinanderfolge von Staustufen an einem Fluß sogar auf das Regionalklima auswirken. Beispielhaft dafür ist der Jenissei in Rußland, ein Fluß der etwa in Süd-Nord-Richtung fließt. Zur Stromerzeugung baute man in den Flußlauf etliche Staustufen ein. Durch die charakteristische Temperaturschichtung in den Stauseen (Abb. 9) verläßt das Wasser die Staustufen am Boden mit einer Temperatur von etwa 4 °C, während es sich vor dem Bau der Wehre auf etwa 20 - 22 °C erwärmte. Über weite Bereiche des Flußlaufes erreicht das Wasser auch im Sommer nur noch höchstens 10 °C. Das führt zu einer längeren, winterlichen Vereisung der Flußmündung.

Viele Beispiele in aller Welt haben ferner deutlich gemacht, daß mit dem Anstauen des Wassers auch dessen Geröll- und Geschiebefracht aufgehalten wird, so daß sich die Staustufen in der Regel viel rascher mit Flußsedimenten füllen, als man zunächst annahm. Diese Regel bestätigte sich beim Assuanstausee in Ägypten ebenso wie bei den Staustufen des Colorado im Westen der USA oder anderen, angestauten Flußläufen. Mit abnehmender Fließgeschwindig-keit des Wassers füllen sich auch die Flußbetten selber wieder beschleunigt mit Schotter, womit sie sich zumindest insofern ihrem ursprünglichen Zustand wieder annähern, was jedoch nicht im Sinne der Regulierungsmaßnahmen ist, so daß man sie immer wieder ausbaggern muß.

Versucht man, Flußwasser für die Bewässerung landwirtschaft-licher Nutzkulturen abzuzweigen, dann können sich ganz andere Probleme ergeben. Zunächst sinkt der Wasserspiegel des Flusses, und im Sommer erwärmt sich das Wasser deshalb stärker als zuvor. Dadurch nimmt dessen Sauerstoffgehalt, und als Folge davon auch seine Selbstreinigungskraft ab. Diesen Sachverhalt muß man besonders beachten, wenn dem Fluß Abwässer zugeführt werden (Abschn. 6.6). Noch umfassender kann sich eine regelmäßige Wasserentnahme in trockenen Klimazonen auswirken, wie im Falle der Flüsse Amu Darja und Syr Darja, die das Turanische Becken durchqueren und in den Aralsee münden. Im Verlaufe von nur 20 Jahren mußte man erkennen, daß die ständige Wasserentnahme aus den beiden Flüssen den Aralsee auf die Hälfte seiner ursprünglichen Fläche schrumpfen ließ, während sich der Salzgehalt des Seewassers fast verdreifachte. Infolgedessen starben alle Fische, und auskristallisierendes Salz an den Ufersäumen wird nun vom Wind ausgeblasen und gefährdet die landwirtschaftlichen Kulturflächen ringsum. Der schrumpfende Aralsee mildert auch nicht mehr das kontinentale Klima so stark wie zuvor, was u. a. längere winterliche Frostphasen zur Folge hat, worunter besonders der Baumwollanbau leidet.

Etwas anders gelagert sind die Probleme mit den Bewässerungskulturen im Südwesten der USA, wo Wasser des Colorado die Trockengebiete in grüne Kulturflächen verwandeln sollte. Doch Mineraldünger und Pflanzenschutzmittel wurden mit verdunstendem Bewässerungswasser an die Bodenoberfläche transportiert und kristallisierten dort aus, wodurch der Boden langsam unfruchtbar wird. Angesichts des reichlichen Wasserangebots, das der Colorado zur Verfügung stellt, hatte man übersehen, daß man in Trockengebieten dem Boden nur so viel Wasser zuführen darf, wie die Pflanzen aufnehmen können, oder man muß bei zu großzügiger Wasserzufuhr den Boden mit Kunststoffolie abdecken, um Wasserverdunstung und Auskristallisation gelöster Stoffe an der Bodenoberfläche zu verhindern.

Das Bestreben nach Regulierung der Fließgewässer erstreckt sich auch auf kleine Flüßchen oder Bäche, die man vor allem überschwemmungssicher machen möchte, oder man will Mäanderschleifen abschneiden, um Nutzland zu gewinnen. Im Zuge der Begradigung von Gewässerbetten werden meist deren Böden entkrautet und gelegentlich sogar gepflastert, um das Wasser möglichst ungehindert ablaufen zu lassen. Mitunter versieht man Kleingewässer noch mit einem zusätzlichen, oftmals gepflasterten Hochwasserbett mit überhöhten Seitendämmen, die Überschwemmungen der angrenzenden Flur ausschließen sollen. Solch intensive Verbauung verwandelt das Gewässer in einen Abflußgraben, der damit auch jegliche Fähigkeit zur Selbstreinigung seines Wassers verliert. Befestigte Gewässerbetten und Ufersäume verhindern außerdem, daß Wasser im Boden versickert. Dadurch kann sich keine natürliche Ufervegetation ansiedeln, die auf durchnäßte Böden angewiesen ist.

6.3 Beseitigung von Ufergehölzen

Von den gewässerbaulichen Veränderungen werden notwendigerweise auch die Gewässerufer erfaßt. Normalerweise wird ein Flußufer in unseren Breiten von Gehölzen gesäumt, wie Weiden, Erlen, Eschen, Traubenkirschen und anderen Arten, die sich gegenüber hoch stehendem Grundwasser tolerant verhalten. Besonders Erlen und Weiden tragen mit ihrem reich verzweigten Wurzelwerk zur Befestigung der Fluß- und Bachufer bei. Die meist weit unter das Gewässerbett reichenden Wurzeln nehmen Stoffe auf, die im Wasser gelöst sind, und tragen damit zu dessen Reinigung bei. Je dichter sich der Uferbewuchs entwickeln kann, desto weniger Sonnenlicht dringt bis zum Wasser vor und desto dürftiger wachsen Kräuter und Algen. Das dadurch bedingte Minderangebot an pflanzlicher Nahrung für Wassertiere gleicht herabfallendes Laub der Ufergehölze aus.

Werden nun Fluß- und Bachläufe begradigt, und versucht man mit Hilfe von Mauern und Spundwänden jegliche Abtragung der Ufer zu verhindern, dann beseitigt man damit gleichzeitig die ursprüngliche Ufervegetation. Neben solchen Baumaßnahmen trägt auch die Landwirtschaft zur Beseitigung der Ufervegetation bei, weil man durch Fällen der Bäume und Sträucher zusätzliche Nutzflächen für Ackerbau oder Weideland gewinnen möchte. Stets wird nach dem Abholzen der Bäume und Sträucher das Wasser stärker von der Sonne bestrahlt und damit das Wachstum von Algen und Kräutern angeregt. Die dabei gleichzeitig einsetzende Wassererwärmung führt zur Abnahme von dessen Gehalt an gelöstem Sauerstoff (Abschn. 6.4). Wird ein solches Gewässer mit organischen Abfällen oder mit Düngemitteln belastet, dann droht es leichter "umzukippen", d. h. in den anaeroben Zustand überzugehen, als ein sauerstoffreiches Gewässer. Werden die Ufer außerdem befestigt, dann verhindert man damit jegliche Ufervegetation, die sich normalerweise ebenfalls an der Wasserreinigung beteiligt.

6.4 Kühlwasserverbrauch

Große, wasserreiche Flußläufe werden häufig als Kühlwasserlieferant für Kraftwerke und andere Industriebetriebe verwendet. Das Kühlwasser wird dem Fluß nach Gebrauch, um einige Grad Celsius erwärmt, zurückgegeben, ohne daß stoffliche Belastungen aufgetreten sind. Nach vollständiger Durchmischung mit dem Flußwasser darf dessen Temperatur um höchstens 2,5 °C angestiegen sein. Daraus dürften sich kaum ernstzunehmende, ökologische Veränderungen ergeben. Schwieriger wird die Situation, wenn sich mehrere Kühlwasserverbraucher an einem Fluß angesiedelt haben, denn dann kann sich das Flußwasser nach Aufnahme aller Kühlwässer in der Summe um mehr als 2,5 °C erwärmen. Dadurch werden sich nun doch deutlicher spürbare Veränderungen einstellen. Beispielsweise wird die Vereisung im Winter nicht mehr so lange anhalten wie zuvor, was sicher einen gewissen Vorteil darstellt. Andererseits wird durch die Erwärmung eine verstärkte Wasserverdunstung in der kühlen Jahreszeit für mehr Nebelbildung sorgen, während im Sommer der Niedrigwasserstand verschärft wird. Das reduzierte Wasservolumen kann sich durch die Sonneneinstrahlung noch stärker erwärmen, wodurch der Sauerstoffgehalt des Wassers abnimmt, wie Tab. 1 zeigt. Der verminderten

Tabelle 1 Löslichkeit von Sauerstoff im Wasser, in Abhängigkeit von der Temperatur

Wassertemperatur (°C)	0	10	20	30	40
Löslichkeit von Sauerstoff (mg/l)	14,16	10,92	8,84	7,53	6,59

Sauerstofflöslichkeit erwärmten Wassers steht ein steigender Sauerstoffbedarf aller aeroben Lebewesen im Wasser gegenüber, denn bei jeder Temperaturzunahme um 10 °C beschleunigt sich deren Stoffwechsel im Mittel etwa um das Zwei- bis Dreifache, das gilt auch für die Atmung. Dadurch kann sich im Sommer sehr rasch Sauerstoffmangel einstellen. Darunter leiden einerseits bestimmte Fischarten: Forellen benötigen mindestens 10-11 mg Sauerstoff pro Liter Wasser, Karpfen und Karauschen dagegen nur etwa 4 mg/l, während sich der Zander notfalls bereits mit 2 mg/l begnügen kann.

Damit wird der Sauerstoffgehalt des Wassers zum Selektionsfaktor für die Artenzusammensetzung der Fische im Wasser. Doch auch die Mikroorganismen verbrauchen mit steigender Temperatur mehr Sauerstoff, und sie bauen dafür die im Wasser mitgeführten organischen Reststoffe schneller ab. Dadurch beschleunigt sich der Sauerstoffschwund, und das Wasser nähert sich schneller dem Punkt des "Umkippens" (Abschn. 6.6), von dem an keine sauerstoffbedürftigen Organismen mehr in dem Wasser überleben können, auch keine Algen.

Um solche Komplikationen zu umgehen, sollte man künstlich herbeigeführte Erwärmungen des Wassers vermeiden, wann immer das möglich ist. Deshalb werden besonders für Großkraftwerke zunehmend Kühltürme errichtet, in denen das erwärmte Kühlwasser zunächst seine Energie an die Luft abgibt, ehe es wieder in den Fluß gelangt. In sog. Naßkühltürmen verrieselt man das Kühlwasser in einem aufsteigenden Luftstrom, wobei sich die Luft erwärmt und das Wasser abkühlt und gleichzeitig mit Luftsauerstoff angereichert wird. Etwa 2 % des Kühlwassers gehen dabei durch Verdunstung verloren und bilden die charakteristische Kühlfahne. Bei Trockenkühltürmen wird die Abwärme nicht direkt an die Luft abgegeben, sondern zunächst an ein anderes Kühlmittel, das in einem geschlossenen Kreislauf zirkuliert und die Abwärme über Kühlrippen an die Luft weiterleitet. Solche Trockenkühltürme müssen bei gleicher Kühlleistung etwa um 50 % größer dimensioniert sein, als Naßkühltürme. Schließlich gibt es noch die Möglichkeit, Abwärme eines Großkraftwerkes für Heizungszwecke, in der Regel als sog. Fernwärme, zu nutzen (Abschn. 7.4.5).

6.5 Flußmündungen und das Wattenmeer

Gewässerlebensräume besonderer Prägung stellen Flachküstenbereiche dar, die regelmäßig bei Hochwasserstand überflutet werden. Dazu gehören auch einige Flußmündungsgebiete, wenn der Tidenhub bis in die Mündungsgebiete hinein wirksam bleibt und die flachen Ufer überspült. Solche periodisch vom Meerwasser überschwemmten Flachküstenbereiche bezeichnet man als Watt. Bei jeder Überflutung wird das Land mit Meeresschlick bedeckt, der reich an feinen, organischen Reststoffen ist und deshalb von vielen Kleintieren als Nahrungsquelle genutzt wird. Dadurch weisen Wattenzonen eine ungewöhnlich hohe Biomasseproduktion auf, die auch von Tieren anderer Lebensräume mitgenutzt wird. Beispielsweise verweilen hier viele Zugvögel zur Nahrungssuche, und eine Reihe von Meerestieren läßt hier die Brut aufwachsen.

Der Lebensraum Watt wird vor allem in zweierlei Hinsicht gefährdet, und zwar einmal, wenn es als Kulturland beansprucht wird (1) und zum anderen durch Wasserbelastungen (2). Zunächst einige Erklärungen zu Punkt 1. Da das Schlickwatt nährstoffreiche Kulturböden liefert, wenn man die ständige Überflutung verhindert und das Meeressalz mit dem Regenwasser ausspülen läßt, haben die Küstenbewohner schon frühzeitig versucht, diese Landstriche einzudeichen, um sie landwirtschaftlich zu nutzen. Doch was sich für die küstenbewohnenden Menschen als großer Gewinn erwies, schmälerte für viele Tierarten eine wichtige Nahrungsressource. Eindeichungsmaßnahmen werden deshalb heute kontrovers diskutiert, je nach dem Standpunkt des Betrachters. Hat man sich zu der Erkenntnis durchgerungen, daß man die Artenvielfalt der Erde nicht bedingungslos reduzieren darf, dann sollte man über das Ausmaß der heute bereits praktizierten Nutzungen des Watts hinausgehende Maßnahmen möglichst vermeiden, sofern nicht ganz elementare Lebensbedürfnisse der Menschen davon betroffen sind. Zu Punkt 2 muß angeführt werden, daß das Watt durch Schadstoffe gefährdet wird, die teils von Schiffen in das Meer entlassen werden, besonders Öl, teils mit den Flüssen in die Küstengebiete transportiert werden. Dazu gehören vor allem giftige Schwermetalle, eutrophierend wirkende Nitrate und Phosphate und langlebige, synthetische, organische Stoffe, die Wasser und Schlick gleichermaßen belasten. Vom Watt ausgehend, das so viele Tierarten ernährt, können Giftstoffe in vielfältig verzweigte Nahrungsketten (Abschn. 5) gelangen und damit auch in entfernt liegenden Lebensräumen wirksam werden, auch beim Menschen. Bekannt wurden etwa die Belastungen von Muscheln mit Phytoplanktontoxinen (Abschn. 4.3) oder Quecksilbervergiftungen durch den Verzehr von Meerestieren küstennaher Regionen. Um solche Katastrophen zu vermeiden, kommt es darauf an, Fluß- und Meerwasser sauber zu halten, denn der stets zitierte, rein rechnerisch ermittelte, starke Verdünnungseffekt von Abfallstoffen in den

Weltmeeren vollzieht sich erst im Laufe von tausend Jahren oder
mehr, wenn sich Tiefseewasser und Oberflächenwasser durchmischt
haben. Zunächst leiden besonders die Lebewesen des Oberflächen-
wassers (bis etwa 200 m Tiefe) und der Küstengewässer unter den
Schadstoffbelastungen, die dem Fluß- und Meerwasser zugefügt
werden.

6.6 Wasserverschmutzung und Wasserreinigung

Noch ausgeprägter als das Meerwasser werden Binnengewässer mit
den unterschiedlichsten Abfällen belastet, die aus Städten und
Dörfern, aus der Landwirtschaft und aus Industriebetrieben stammen.
    Kommunale Abwässer enthalten vor allem Fäkalien der Menschen,
gewisse Küchen- und Haushaltsabfälle, Waschmittel und Bakterien
aus den Haushalten und von den Menschen. Zu den kommunalen
Abwässern gehört außerdem der Schmutzwasserablauf aus Dach-
rinnen und von Straßendecken.
    In landwirtschaftlichen Gebieten kann Niederschlagswasser von
Feldern und Wiesen in Flüsse und Seen ablaufen und Düngemittel und
Pestizidrückstände mitführen. Daneben können Fäkalien der Tiere und
Silosickersaft in das Abwasser gelangen, sei es wegen unsachgemäßer
Handhabung, Defekten in Rohrleitungssystemen, oder weil man sich
ihrer illegal entledigen möchte.
    In der Industrie fallen die unterschiedlichsten Reststoffe im
Abwasser an, so daß sie kommunalen Abwässern ähneln, sie können
aber auch spezielle Abfälle enthalten, wie Schwermetalle sowie viele
andere anorganische oder organische Stoffe. Die Abwässer kleiner und
mittelgroßer Betriebe werden meist gemeinsam mit den kommunalen
Abwässern gesammelt und gereinigt. Großbetriebe sammeln in der
Regel die eigenen Abwässer und führen sie einer speziell auf die
eigenen Abfälle abgestimmmten Reinigung zu. Hin und wieder wurde
jedoch trotzdem der Austritt von Industrieabfällen in Flüsse
beobachtet, was stets die betroffenen Fließgewässer besonders stark
belastet.
    Der während der vergangenen Jahrzehnte recht sorglose Umgang
mit Abwässern vergiftete Seen und Flüsse so stark, daß sie ihren
ursprünglichen Bestand an Tieren und Pflanzen weitgehend einbüßten.

So kam es, daß beispielsweise der Rhein, der einmal zu den am stärksten belasteten, mitteleuropäischen Gewässern zählte, nur noch kümmerliche Reste seines einstigen Fischreichtums besaß. Beispielsweise verschwand während der zwanziger Jahre des zwanzigsten Jahrhunderts der Stör, während der fünfziger Jahre der Lachs, und später verschwanden weitere Arten. Baden war in dem hoch belasteten Gewässer strikt verboten. Erst die Reinigung kommunaler und industrieller Abwässer brachte seit den achtziger Jahren eine gewisse Entlastung für den Fluß mit sich.

Die Vielzahl von organischen Reststoffen, Phosphaten und Nitraten dient Algen, Bakterien und vielen Kleintieren als Nahrung und ermöglicht ihnen eine nahezu ungezügelte Vermehrung. Man bezeichnet ein solchermaßen belastetes Gewässer als eutrophiert, d. h. gut mit Nährstoffen versorgt. Die Veratmung der im Wasser mitgeführten Schmutzstoffe erfordert jedoch bald mehr Sauerstoff, als das Wasser in gelöster Form enthält. Zwar diffundiert aus der Luft ständig Sauerstoff in das Wasser, doch spielt sich dieser Vorgang nur an der Grenzfläche von Luft und Wasser ab. Tiefer liegende Wasserschichten profitieren von dem ständigen Sauerstoffnachschub nur dann, wenn das Wasser kräftig durchmischt wird. In stehenden oder träge fließenden Gewässern vergehen lange Zeiträume, bis der Sauerstoff allein durch Diffusion in größere Tiefe gelangt. Messungen ergaben, daß der Farbstoff Fluorescein in einer Stunde etwa 5 mm tief in ein wäßriges Medium diffundiert, und im Verlaufe eines Jahres legt er eine Strecke von etwa 50 cm zurück. Das kleinere Sauerstoffmolekül wandert zwar etwas schneller, doch macht dieses Beispiel bereits klar, wie schwierig die Sauerstoffversorgung am Grunde eines nur 1 m tiefen, ruhenden Gewässers ist, wenn gleichzeitig durch intensive Atmung der Organismen die Sauerstoffreserve des Wassers innerhalb weniger Tage aufgebraucht wird. Die Folge ist ein Massensterben aller sauerstoffbedürftigen Organismen. Für eutrophierte Gewässer gibt man deshalb häufig den BSB_5-Wert an, d. h. diejenige Sauerstoffmenge, die Mikroorganismen in 5 Tagen zur Veratmung der mitgeführten organischen Reststoffe benötigen. Ist der im Wasser gelöste Sauerstoffvorrat verbraucht, dann vermehren sich anaerob lebende Mikroorganismen, die die mitgeführten organischen Schmutzstoffe ohne Sauerstoffzufuhr durch Gärung abbauen, wobei Biogas entsteht, das giftigen Schwefelwasserstoff und Ammoniak enthält.

Bereits davor äußert sich die zunehmende Belastung in einer Veränderung der Artengemeinschaft des Gewässers. Diese Erscheinung läßt sich zu einer Gliederung der Gewässer in verschiedene Belastungs- oder Saprobienstufen nutzen (Tab. 2).

Tabelle 2 Kurzcharakterisierung der Gewässergüteklassen (Saprobienstufen)

Güteklasse Saprobien- stufe	I oligo- saprob	II ß-meso- saprob	III -meso- saprob	IV polysaprob
Sauerstoffgehalt (mg/l) BSB_5-Wert	8	6	2	<2
(mg/l) Fischbesatz	1 gering	2-6 hoch viele Arten	7-13 mäßig Arten mit geringem Sauerstoff- bedarf	>15 keine
Leitorganismen	Kieselalgen Rotalgen Planarien Forellen Laichgew. f. Lachse	Cyano- bakterien Kieselalgen Grünalgen Protozoen Kleinkrebse Muscheln Schnecken Insekten- larven	Cyano- bakterien Kieselalgen Grünalgen Pilze Protozoen Egel	Cyano- bakterien Pilze Protozoen Tubifex Zuckmücken- larven
Bakterien	<100/ml	<100000/ml z. T. fädi- ge Formen		>1000000/ml auch Eiter- erreger (Kokken)

Verschiedene fettlösliche Stoffe können von Fischen und anderen Wasserbewohnern aufgenommen und im Körperfett angereichert werden. Dienen solche Organismen als Nahrung, dann können diese Giftstoffe beim Konsumenten toxische Konzentrationen erreichen, wenn sie der Körper nicht rechtzeitig abbauen oder ausscheiden kann. Das gilt u. a. für viele fettlösliche, chlorierte Kohlenwasserstoffe aber auch für alkylierte Schwermetalle, wie Methylquecksilber. Zu den ältesten, uns bekannten Vergiftungsfällen, die auf diesem Wege ausgelöst wurden, gehört die sog. Minamatakrankheit (Abb. 10). Diese

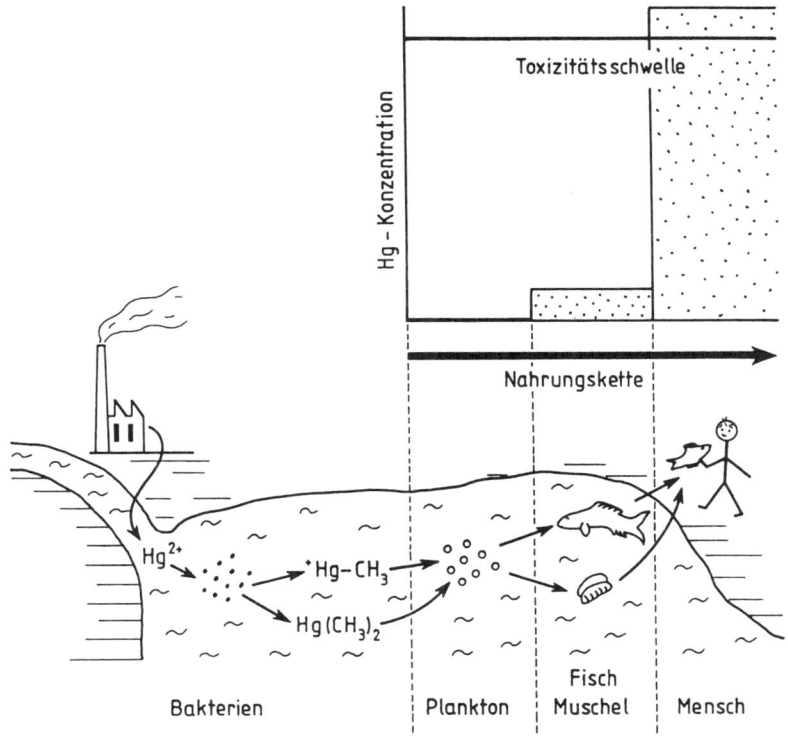

Abb. 10 Minamatakrankheit: Weg des Quecksilbers über die Nahrungskette zum Menschen, wo es toxische Konzentrationen erreichen kann (FEL 92, verändert)

Krankheit äußert sich u. a. in Taubheitsgefühlen der Extremitäten, in einem konzentrisch eingeschränkten Gesichtsfeld und im Hörverlust des oberen und unteren Frequenzbereichs, d. h. der hohen und der tiefen Töne. In etwa 30 % der Fälle endeten die Quecksilbervergiftungen tödlich. Sowohl alkylierte Schwermetalle als auch viele halogenierte Kohlenwasserstoffe wirken sich deshalb auf Menschen und andere Wirbeltiere gesundheitlich so kritisch aus, weil sie nur sehr langsam aus dem Körper ausgeschieden werden. Bei Quecksilber beträgt die biologische Halbwertzeit durchschnittlich etwa 70 - 100 Tage d. h., diese Zeitspanne verstreicht, ehe die Hälfte der aufgenommenen Stoffmenge wieder ausgeschieden wurde. Das bedeutet, daß schwer ausscheidbare Stoffe bei regelmäßiger Aufnahme auch dann toxische Konzentrationen im Körper des Konsumenten erreichen können, wenn sie in der Nahrung nur in sehr geringer Konzentration vorliegen, so daß auf den ersten Blick betrachtet, eine gesundheitliche Gefährdung sehr gering zu sein scheint. Das gilt u. a. für Cadmium und einige andere Schwermetalle sowie für Dioxine, DDT, Lindan und eine Reihe anderer, vielfach chlorierter, Kohlenwasserstoffe.

Neben solchen, stark toxisch wirkenden Verbindungen können andere Abfälle das Wasser eutrophieren und unansehnlich machen, wie etwa die bei der Zellstoffabrikation in großen Mengen anfallende Ligninsulfonsäure (= Ligninhydrogensulfit-Lösung). Dieser Stoff läßt nicht nur das Wasser, sondern auch das Fischfleisch schlecht schmecken. Außerdem färbt sie das Wasser braun und erhöht seine Viskosität, weil sich der fädig wachsende Pilz *Sphaerotilus natans* stark vermehrt, ein Organismus, der die Ligninsulfonsäure langsam und unter kräftigem Sauerstoffverbrauch abbaut. Ganz anders wirken sich Detergentien aus, Stoffe, die die Oberflächenspannung des Wassers herabsetzen. Die heute verwendeten Detergentien wirken sich gegenüber Fischen meist weit weniger stark toxisch aus als diejenigen, die man noch während der 50er und 60er Jahre einsetzte. Wenn sie trotzdem heute noch ein Problem darstellen, dann deshalb, weil sie viele Stoffe, auch solche, die an Bodenpartikel oder Gewässersedimente adsorbiert sind, wesentlich leichter in Lösung bringen als reines Wasser. Um solche unerwünschten Mobilisierungen von Schadstoffen in der Umwelt zu vermeiden, ist man bestrebt, Detergentien herzustellen, die möglichst rasch von Mikroorganismen abgebaut werden.

Unter der unüberschaubar großen Vielzahl von Stoffen, die man im Wasser antreffen kann, sei noch das Erdöl erwähnt, das ein Gemisch hoch- und niedermolekularer, aliphatischer, alizyklischer und aromatischer Kohlenwasserstoffe darstellt, wobei die Zusammensetzung dieses Gemisches je nach geographischer Herkunft des Öls variiert. Stets handelt es sich jedoch um ein lipophiles, d. h. fettähnliches Stoffgemisch, das sich im Wasser kaum löst und nur schwer emulgierbar ist. Deshalb schwimmt in das Wasser gelangendes Erdöl zunächst auf der Oberfläche, bis die leichtflüchtigen Bestandteile verdunstet sind und nur noch die schwerflüchtigen, hochmolekularen Bestandteile übrig bleiben, die an der Luft allmählich oxidieren. Nach einiger Zeit sinken die immer schwerer werdenden Ölreste unter die Wasseroberfläche, um später zu sedimentieren. Insbesondere das Meerwasser ist heute rings um den Globus mit Erdöl belastet. Dieses Öl stammt nicht nur aus verunglückten Tankschiffen, es strömt auch aus, wenn Ölquellen am Meeresgrund erbohrt werden und nicht sofort abzudichten sind, und einen großen Betrag an der Ölbelastung steuert die illegale Entsorgung von Alt- und Restölen der Schiffe auf hoher See bei. Dazu kommen absichtlich herbeigeführte Ölbelastungen bei kriegerischen Auseinandersetzungen. Auf dem Festland spielen auch Pipeline-Brüche eine bedeutende Rolle. Besonders dann, wenn die Rohrleitungen nicht ständig kontrolliert und gewartet werden, kann bei Leckagen das Öl tage- oder wochenlang ins Freie fließen und sowohl den Boden als auch Binnengewässer oder das Wasser von Mooren verschmutzen. Solche Ölbelastungen haben besonders in Sibirien und in Westafrika die davon betroffene Vegetation schwer geschädigt. Die mit Öl belasteten Böden sind mindestens einige Jahrzehnte lang, in kalten Klimazonen sehr viel länger, nicht mehr für den Ackerbau verwendbar, ganz abgesehen davon, daß bei Pipeline-Brüchen stets die Gefahr der Grundwasserbelastung besteht. Sobald Lebewesen mit dem Öl in Berührung kommen, legt es sich als mehr oder minder dicker Film um die Organismen und behindert so deren Gasaustausch, vor allem den Durchtritt von Kohlendioxid, das die Tiere abgeben und die Pflanzen aufnehmen müssen. Bei Vögeln verklebt das Öl die feingliedrig strukturierten Federn und macht sie damit durchlässig für Wasser. Bei Schwimmvögeln kann das Wasser deshalb bis zur Haut vordringen, und die Tiere erfrieren und sie können nicht mehr schwimmen, weil nun das tragende Luftpolster zwischen Gefieder und Haut fehlt. Schließlich wirkt Erdöl durch seinen Gehalt an Aldehyden, Ketonen, Pyrimidinen, Benzol und verschiedenen anderen Komponenten giftig. Ein Teil dieser Verbindungen gehört zu den cancerogen Stoffen, so daß sich auch Menschen nicht beliebig lange Öldämpfen aussetzen dürfen, weil sie sonst sehr leicht an Hautkrebs erkranken. Ehe ausgelaufenes Öl wieder verschwindet, vergehen meist lange Zeiträume, weil sowohl die Oxidation an Luft als auch der mikrobielle Abbau nur langsam vonstatten gehen. Mit sinkender Umwelttemperatur und mit steigendem Molekulargewicht der Bestandteile des Erdöls verzögert sich dessen Abbaugeschwindigkeit. Sehr vage Schätzungen gehen davon aus, daß etwa zwischen 44 und 70 Jahren vergehen mögen, bis freigesetztes Erdöl völlig abgebaut wird. Besonders schwierig ist die Situation in kalten Klimazonen, wie der subpolaren und der borealen Zone. Hier stehen nicht nur wesentlich weniger Arten von Mikroorganismen zur Verfügung, die ausgelaufenes Öl abbauen können, als in warmen Klimaregionen, vielmehr ist auch die mikrobielle Tätigkeit auf wenige, d. h. 2 bis 4 frostfreie Monate im Jahr beschränkt. Wann immer möglich, versucht man ausgelaufenes Öl durch schwimmende Barrieren an der weiteren Ausbreitung zu hindern und von der Wasseroberfläche abzusaugen. Auf dem Land ausgelaufenes Öl sollte stets zusammen mit dem belasteten Boden ausgebaggert werden, um das Öl entweder zurückzugewinnen oder das verunreinigte Material sicher deponieren zu können. Unterläßt man Reinigungsmaßnahmen, dann drohen Flora und Fauna im Unfallgebiet schwere Dezimierungen ihres Artenbestandes oder sogar deren völlige Vernichtung.

Ebenso wie Wasserbelastungen mit Erdöl, bedürfen Verunreinigungen mit anderen speziellen Abfällen besonderer Reinigungsmethoden. Dominieren dagegen im Abwasser biologisch abbaubare, organische Reststoffe, wie es bei kommunalen Abwässern der Fall ist, dann kann man das Wasser einer biologischen Klärung zuführen. Im Prinzip läuft ein solches Verfahren, das in vielen Modifikationen praktiziert wird, stets nach dem gleichen Grundschema ab (Abb. 11). Zunächst durchläuft das Abwasser einen Metallrechen, der grobe Materialien festhält. Anschließend läßt man das Wasser in einem Sandfangbecken zur Ruhe kommen, um mitgeschleppten Sand und andere sedimentierbare Bestandteile absetzen zu lassen. In einem nachgeschalteten Vorklärbecken werden vor allem mitgeführte Schlammpartikel vom Wasser abgetrennt. Anschließend wird das Wasser kräftig belüftet, indem man Druckluft einpreßt, das Wasser kräftig umrührt oder mittels anderer Verfahren möglichst intensiv mit Luftsauerstoff in Berührung bringt. Außerdem setzt man frischen Klärschlamm zu, um das Wasser mit Mikroorganismen anzureichern.

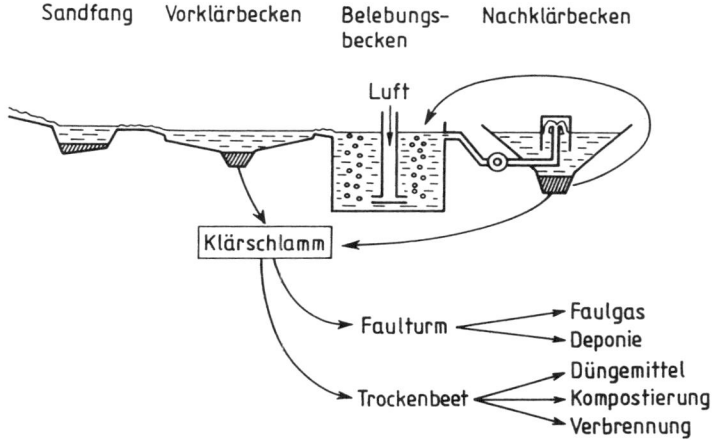

Abb. 11 Prinzipieller Aufbau einer biologischen Kläranlage, und einige Möglichkeiten der Klärschlammbeseitigung (FEL 76, verändert)

Im Belebungsbecken, in dem das Wasser nicht zur Ruhe kommen darf, wird über mehrere Stunden hinweg der größte Teil der leicht abbaubaren, organischen Reststoffe mikrobiell veratmet, wobei die verbleibenden, schwer abbaubaren, organischen Stoffe zusammen mit Bakterien Schlammflocken bilden, die sich schließlich in einem Nachklärbecken bei ruhigem Wasser am Boden absetzen. Aufschwimmende Schlammflocken beseitigt man mittels eines Sammelrechens von der Wasseroberfläche. Das so gereinigte Wasser sollte mindestens die ß-mesosaprobe Güteklasse erreicht haben. Sein biologischer Sauerstoffbedarf (BSB_5-Wert) muß etwa um 95 % gesunken sein. Trotzdem ist biologisch geklärtes Wasser keineswegs sauber. Neben mikrobiell schwer oder gar nicht abbaubaren Verbindungen kann es noch die eutrophierend wirkenden Nitrate und Phosphate enthalten. Nitrate, die während der biologischen Reinigung aus organischen Stickstoffverbindungen durch nitrifizierend wirkende Bakterien gebildet wurden, können anschließend unter nunmehr anaeroben Bedingungen in einem weiteren Becken mit Hilfe von denitrifizierenden Bakterien zu Stickstoff reduziert werden, der in die Luft entweicht. Häufig führt man die Denitrifikation nicht in einem gesonderten Becken durch, vielmehr sorgt man durch geschickte Prozeßführung für die Bildung anaerober Zonen während der Belebtschlammphase des biologischen Abbaus. Die Beseitigung der ebenfalls eutrophierend wirkenden Phosphate gelingt in gewissem Umfang ebenfalls mit dafür geeigneten Bakterien, die bei starker Belüftung des Abwassers einen Überschuß an Phosphaten aufnehmen. Gründlicher lassen sich Phosphate mit Hilfe von Eisenverbindungen, mit Kalkmilch oder mit beiden Stoffen gemeinsam ausfällen. Der in Gegenwart von Eisen entstehende, flockig-voluminöse Niederschlag kann sogar Schwermetalle adsorbieren und damit ebenfalls aus dem Abwasser entfernen. Phosphat- und Stickstoffbeseitigung sollten inzwischen zum Standard jeder biologischen Abwasserreinigung gehören, doch die Realität sieht nur zu oft ganz anders aus. Auch heute noch werden nicht einmal alle Abwässer einer einfachen biologischen Klärung unterworfen. Sogar Großstädte wie Brüssel entlassen ihre Abwässer weitgehend ungeklärt in das Meer. Wann immer nicht geklärte Abwässer in Flüsse, Seen oder in das Meer gelangen, verschlechtern sie die Wasserqualität und senken dessen Sauerstoffgehalt. Da die natürlichen Gewässer ebenso als Lebensraum für andere Organismen wie als Wasserreservoir für die Menschen von größter Bedeutung sind, kommt aus ökologischer Sicht dem Bau von Anlagen zur Abwasserreinigung eigentlich Vorrang vor vielen anderen, zivilisatorischen Baumaßnahmen zu.

Die Reinigungskapazität einer Kläranlage berechnet man nach Einwohnergleichwerten (EGW), wobei man unter 1 EGW diejenige Abfallmenge versteht, die ein Mensch im Durchschnitt täglich an das Abwasser abgibt. Dessen biologisch abbaubare Bestandteile verursachen einen Verbrauch des im Wasser gelösten Sauerstoffs, den man als BSB_5-Wert bestimmen kann, d. h. als denjenigen Sauerstoffverbrauch, den die Mikroorganismen beim Abbau der organischen Reststoffe im Verlaufe von 5 Tagen verursachen. Für die

Schmutzmenge eines EGW verbrauchen die Bakterien etwa 60 g Sauerstoff. Auf der Basis von EGW und BSB_5 kann man auch die Abwasserbelastung von Industriebetrieben berechnen. Ein Schnellverfahren für die Bestimmung des Sauerstoffbedarfs von Abwasserproben stellt die Titration mit den Oxidationsmitteln Kaliumpermanganat oder Kaliumdichromat dar. Der auf rein chemischem Wege erzielte Wert für den Sauerstoffbedarf eines Abwassers bezeichnet man als CSB-Wert, d. h. als chemischen Sauerstoffbedarf des Wassers. Der CSB-Wert beträgt bei kommunalen Abwässern etwa das 1,7 fache des BSB_5-Wertes. Weitere Summenparameter zur Beurteilung der Wasserbelastung sind der TOC-Wert (= totaler organischer Kohlenstoff) und der AOX-Wert (= an Aktivkohle adsorbierbares, organisch gebundenes Halogen), der deshalb von besonderer Bedeutung ist, weil organische Halogenverbindungen oftmals stark toxisch wirken. Außerdem bestimmt man die elektrische Leitfähigkeit des Wassers, mit deren Hilfe man insbesondere die mitgeführte Salzfracht abzuschätzen versucht, sowie einige andere Kenngrößen, die hier nicht näher erörtert werden sollen.

6.7 Belastungen durch Freizeitbetrieb

Neben den nur ganz kurz angedeuteten, durch Abfallstoffe hervorgerufenen Belastungen des Wassers können Gewässer durch Freizeitaktivitäten der Menschen in Mitleidenschaft gezogen werden. Natürlich gehört auch zu dieser Belastungsform ein gewisser Fremdstoffeintrag, der besonders dann zum Tragen kommt, wenn es sich um weitgehend unbelastete, oligotrophe Seen handelt. Eine ganz spezifische Belastung ergibt sich jedoch aus der Freizeitnutzung der Uferbereiche, aus dem Baden in Uferregionen und aus dem Befahren der Wasserflächen. Die Uferbereiche werden am häufigsten von erholungssuchenden Menschen genutzt, etwa um hier zu zelten, zu lagern oder um zu spielen und spazieren zu gehen. In zunehmendem Maße werden die Uferzonen auch bebaut, um feste Unterkünfte für den Freizeitbetrieb zu schaffen. Deshalb verwundert es nicht, daß man an den Ufern großer Seen des Alpenvorlandes Wohndichten (einschließlich des Fremdenverkehrs) zwischen 635 und 1150 Personen pro Quadratkilometer errechnete.

Durch die vielen Baumaßnahmen und durch die Menschen selber wird der Boden der Uferregionen verdichtet. Straßen, Wege und Gebäude versiegeln zudem einen beträchtlichen Teil ufernaher Böden. Die natürliche Vegetation und damit die von ihr abhängige Tierwelt tritt mehr und mehr in den Hintergrund oder sie verschwinden völlig. Damit wird nicht nur ein Beitrag zur Reduktion der natürlichen Artenvielfalt geleistet, vielmehr gehen notwendigerweise die wichtigen Funktionen der ursprünglichen Ufervegetation verloren. Eine Funktion besteht darin, daß ihr Wurzelwerk und ihre weit verzweigten Kriechsprosse im Boden zur Reinigung des Wassers beitragen, weil sie einerseits selber Schadstoffe aufnehmen (u. a. sogar phenolische Substanzen), andererseits tragen sie ebenso wie die unter der Wasseroberfläche stehenden Sproßabschnitte Bakterienrasen, die sich am Abbau organischer Reststoffe im Wasser beteiligen. Ein dichter Uferbewuchs ist somit durchaus mit einer kleinen, biologischen Kläranlage vergleichbar. Die zweite Funktion einer ufernahen Vegetation besteht darin, daß sie vielen Tierarten im Wasser und auf dem Land als Brutstätte dient, denn eine dichte Vegetation gewährt nicht nur Sichtschutz vor Feinden, sie bietet der Brut auch ein reichhaltiges Nahrungsangebot, weil die Pflanzen, ständig gedüngt durch den Schlick des Gewässers, hohe Erträge liefern. Schlick-gedüngte Ufersäume weisen somit eine gewisse Ähnlichkeit mit den weitaus größerflächigen Wattgebieten flacher Meeresküsten auf (Abschn. 6.5). Ökologisch gesehen, stellen Ufersäume recht empfindliche Lebensräume dar, die bei zu intensiver Nutzung durch die Menschen rasch veröden (Abb. 12), wie etwa infolge von Badebetrieb, Bootsfahrten, Zelt- und Wohnwagenlager. Bereits der Bau von Bootsanlegestegen im Wasser kann die dort angesiedelte Ufervegetation empfindlich stören.

Will man die zu erwartende Robustheit eines Gewässers abschätzen, dann mag als Faustregel gelten, daß die Belastbarkeit eines Sees mit zunehmender Größe wächst und daß Seen im Übergangsbereich vom oligosaproben zum polysaproben Wasser (Tab. 2) die besten Pufferungsfähigkeiten besitzen, vor allem, wenn der Untergrund kalkreich ist. Für die Intensität der Störung der Uferregionen wurde eine Rangliste aufgestellt, die ursprünglich nur die dort brütenden Tiere berücksichtigte, die jedoch weitgehend auch

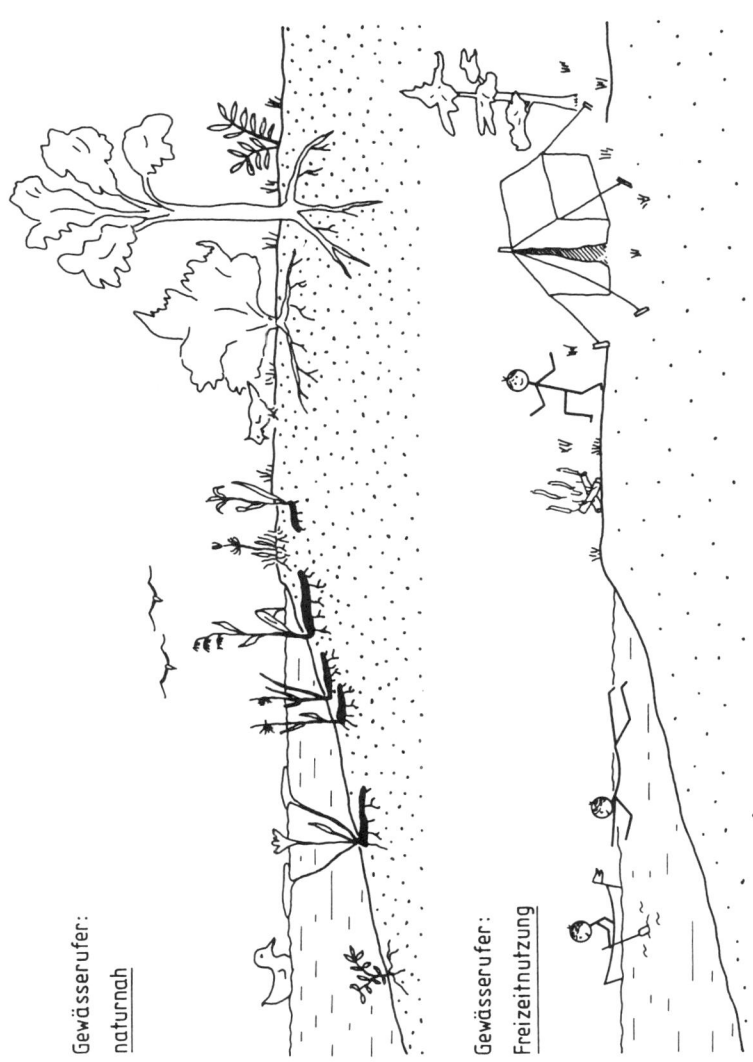

Gewässerufer:
naturnah

Gewässerufer:
Freizeitnutzung

Abb. 12 Beeinträchtigung von Gewässerufern durch Freizeitnutzung

für die Ufervegetation Gültigkeit besitzt. Danach gehen die geringsten
Störungen vom Spazierengehen auf fest angelegten Wegen aus, stärker
stören bereits Bootsfahrten auf dem Wasser, und die intensivsten
Störungen verursachen das Betreten des Uferbereichs sowie Baden in
Ufernähe. Natürlich würde die Regenerationsfähigkeit der Pflanzen
die Störungen und Schäden einer einzelnen Person rasch wieder
beheben, doch der heute kommerziell betriebene Massentourismus
einschließlich des Naherholungstourismus, hinterläßt irreversible
Schäden, die nicht nur Tier- und Pflanzengesellschaften betreffen,
sondern gleichzeitig die Selbstreinigungskapazität des Wassers.

Ebenso empfindlich wie Seeufer reagieren Bach- und Flußufer, die
gerne als Zeltplätze genutzt werden, und wenn es die Wasserqualität
zuläßt, auch als Ausgangspunkte für Wassersport und Badebetrieb.

6.8 Trinkwassergewinnung

Wasser, in dem man guten Gewissens baden kann, findet man heute
im mitteleuropäischen Raum nicht mehr sehr häufig, und noch viel
schwieriger ist es geworden, hygienisch einwandfreies Trinkwasser zu
finden. Siegfried konnte sich noch bedenkenlos an einer Quelle
niederlassen, um daraus zu trinken, doch heute kann man bei den
meisten Quellen, die aus dem Berg sprudeln, nicht mehr sicher sein,
ob das Quellwasser wirklich so sauber ist, wie man es sich erhofft,
oder ob es bereits Schadstoffe enthält. So ist die Trinkwassergewinnung heute zu einer aufwendigen Technologie geworden, die
von umfangreicher chemischer Analytik begleitet wird, zumal sehr
viel Trinkwasser verbraucht wird. Pro Person rinnen täglich zwischen
50 und 300 l durch die häusliche Wasserleitung, aber nur der geringste
Teil davon wird tatsächlich getrunken oder zum Kochen verwendet,
nämlich etwa 5 l. Die derzeit geübte Praxis, solch große Mengen von
Wasser täglich aus dem natürlichen Wasserkreislauf abzuzweigen,
z. B. für eine Großstadt oder ein Ballungsgebiet, kann örtlich durchaus ökologische Schäden hinterlassen.

Als Ausgangsprodukt für die Trinkwassergewinnung greift man
heute in der Regel auf Grundwasser zurück. Die dazu erforderlichen
Wassergewinnungsgebiete hat man meist als sog. Wasserschutzgebiete
ausgewiesen, in denen u. a. nicht gebaut werden darf, in denen die

Lagerung von Öl verboten ist und in denen die Verregnung von Gülle auf landwirtschaftliche Nutzflächen nicht zulässig ist. Der durch solche Vorsichtsmaßnahmen geschützte Boden gibt beim Versickern der Niederschläge weniger Schadstoffe an das Wasser ab, als es in ungeschützten Gebieten, beispielsweise bei intensiv betriebenem Ackerbau, der Fall ist. Übersteigt die Grundwasserentnahme die Rate der natürlichen Grundwasserergänzung, dann kann auch in unserem humiden Klima der Grundwasserspiegel absinken. Nördlich von Hannover sowie im Rhein-Main-Dreieck um Darmstadt, Frankfurt und Wiesbaden fiel deshalb der Grundwasserspiegel zeitweise um etwa 6 m. Als Folge davon trockneten Viehweiden aus, und die Landwirtschaft mußte auf Getreideanbau umgestellt werden. Nicht ackerbaulich genutztes Land kann in solchen Gebieten nur noch Trockenheit tolerierende Pflanzen, wie z. B. Kiefernwälder, tragen, und an der Bodenoberfläche können sich Setzungsrisse bilden, die Straßendecken und Häuserwände in Mitleidenschaft ziehen. Teils führte man dem Boden künstlich Wasser aus Flußläufen zu, um das Grundwasserdefizit auszugleichen. Die geschilderten ökologischen und baulichen Schäden können jedoch auch vermieden werden, wenn die Trinkwassergewinnung möglichst dezentral, also an vielen verschiedenen Punkten in der Landschaft, betrieben wird. Auch die Anlage von Stauseen in Berglandschaften verhindert die Absenkung des Grundwassers, doch bringt diese Form der Wassergewinnung wiederum andere Schwierigkeiten mit sich. Durch das Überfluten von Gebirgstälern beseitigt man komplette Ökosysteme, und die Stauseen selber bilden nur wenig geeignete neue Lebensräume, weil die ständigen Wasserstandsschwankungen keinen normalen Uferbewuchs zulassen. So entstehen Gewässerränder, die eher denjenigen ähneln, die sich bei Freizeitnutzung bilden (Abb. 12). Außerdem wird der angestaute Flußlauf hinsichtlich Temperatur- und Wasserführung verändert, so daß auch dieses Ökosystem durch den Anstau tiefgreifend verändert wird (Abb. 9).

Dort, wo die Bevölkerungsdichte groß ist und nicht genügend weiträumige Wassergewinnungsgebiete eingerichtet werden können, greift man auch auf Flußwasser zurück, das man zunächst anstaut, um ausreichende Mengen von Wasser im Boden versickern zu lassen. In einiger Entfernung vom angestauten Flußbett legt man mit Löchern versehene Sammelrohre in den sandigen Uferbereich, um darin das

Sickerwasser aufzufangen. Je nach der Beschaffenheit des Bodens
wird der Reinigungseffekt durch diese Form der Ufersandfiltration
unterschiedlich gründlich ausfallen.

Grundwasser und Uferfiltrat werden in einem Wasserwerk, entsprechend der unterschiedlichen Verunreinigungen, die das Rohwasser
noch enthalten kann, speziellen Reinigungsverfahren unterworfen.
Beispielsweise muß ein zu hoher Nitratgehalt durch Umkehrosmose
oder durch mikrobielle Denitrifikation (Abschn. 6.6) gesenkt werden.
Schwermetalle eliminiert man mittels Flockungs- und Fäl-
lungsverfahren, Pflanzenschutzmittel und andere toxisch wirkende
Stoffe können durch Aktivkohlefiltration ausgeschieden werden, und
Ölreste kann man durch Ozonbehandlung und anschließende Filtration
des Wassers beseitigen. Schließlich wird das gereinigte Wasser meist
durch Chlorung entkeimt, ehe es in die kommunalen Leitungsnetze

Tabelle 3 Auszug der EG-Richtlinien für Trinkwasser

Parameter	Richtzahl (mg/l)	zul. Höchstkonz. (mg/l)
Chlorid	25	
Sulfat	25	250
Calcium	100	
Magnesium	30	50
Natrium	20	175
Aluminium	0,05	0,2
Nitrat	25	50
Nitrit		0,1
Ammonium	0,05	0,5
Eisen	0,05	0,2
Mangan	0,02	0,05
Kupfer	0,1	
Zink		0,1
Organochlorverbindungen		
ohne Pestizide	0,001	0,025
pH-Wert	6,5-8,5	
elektr. Leitfähigkeit	400 µS/cm	

gelangt. Eine Vielzahl von Grenzwertvorschriften regelt für die gesamte Europäische Union die höchstzulässigen Mengen an Reststoffen im Trinkwasser, seinen Keimgehalt, seine elektrische Leitfähigkeit, die Wassertemperatur und einige weitere Gütekriterien (Tab. 3). Insbesondere in den sog. Entwicklungsländern liegt die Trinkwasserqualität oft weit unter dem Standard der Europäischen Union, so daß allein die geringe Trinkwasserqualität die Ausbreitung von Krankheiten und Seuchen fördert. Deshalb wird immer wieder gefordert, in armen Ländern vorrangig Einrichtungen zu schaffen, die die Versorgung der Bevölkerung mit qualitativ hochwertigem Trinkwasser ermöglichen.

Trotz der gravierenden Unterschiede der Trinkwasserqualität in der Europäischen Union und in Ländern mit armer Bevölkerung ist auch die Qualität unseres Trinkwassers keinesfalls unumstritten. Bemängelt wird u. a. dessen Chlorgehalt, der den Geschmack beeinträchtigt und zu unbeabsichtigten chemischen Reaktionen mit Spurenstoffen im Wasser führen kann, und umstritten ist der Grenzwert für Nitrat, und schließlich besteht eine permanente Gefahr darin, daß bestehende Grenzwerte im Laufe der Zeit wieder gelockert werden, wenn eine zunehmende Schmutzlast des Rohwassers deren Einhaltung erschwert. Ein besonders kritisches Problem besteht jedoch darin, stets genügend sauberes Rohwasser für die Trinkwassergewinnung bereitstellen zu können, ohne damit gleichzeitig ökologische Schäden in der Natur heraufzubeschwören. Sparsamer Umgang mit Trinkwasser ist deshalb dringend angesagt, und man sollte sich baldmöglichst dazu entschliessen, hochgereinigtes Trinkwasser durch weniger intensiv aufbereitetes Brauchwasser zu ersetzen, wenn es die hygienischen Erfordernisse zulassen, wie beispielsweise für die Toilettenspülung, für das Autowaschen und viele andere Zwecke. Doch für die Anlage zweier Wasserleitungssysteme mit unterschiedlich stark gereinigtem Wasser bedarf es erhöhter Investitionen, die man in der Vergangenheit nicht leisten wollte und die man heute nicht mehr leisten kann. So betreiben wir weiterhin Raubbau an unseren Wasservorräten, und wir treiben weiterhin die Kosten für die Wasserreinigung nichtsahnend in die Höhe.

7 Industrialisierung und der Energiehunger der Menschen

Raubbau betreiben wir nicht nur an den Wasservorräten der Natur, sondern auch an anderen Rohstoffreserven der Erde, wie Holz, Kohle, Erdöl, Erzen und anderen Mineralien. Schon während der alten und der mittleren Steinzeit fertigten die Menschen einfache Geräte aus Flintstein (ein kryptokristalliner Quarz) und Holz, doch es wurden nur so viele Geräte hergestellt, wie man tatsächlich benötigte. Deshalb blieben die Eingriffe in den Naturhaushalt durch diese Frühformen der Geräteproduktion gering, zumal sich die verwendeten Rohstoffe Holz, Stein und später auch Knochen nach dem Gebrauch zwanglos in die Natur wieder eingliederten. Erst als die industrielle Rohstoffnutzung größere Ausmaße annahm, wurden die Eingriffe in das Landschaftsgefüge immer deutlicher spürbar.

7.1 Holznutzung

Landschaftsveränderungen erwuchsen u. a. aus der industriell betriebenen Holznutzung. Bereits während der Antike wurde so viel Holz für den Bau von Häusern und Schiffen verbraucht, daß der natürliche Nachwuchs der Bäume mit der jährlichen Holzentnahme nicht mehr Schritt halten konnte, und so stellten sich bereits seinerzeit irreversible, ökologische Schäden ein. Besonders in den relativ trockenen, mediterran geprägten Klimazonen hinterließ der Holzeinschlag bleibende Narben in der Landschaft. Beispielsweise sollen sich, alten Berichten zufolge, im heutigen Irak Wälder vom kurdischen Bergland bis in die Gegend von Bagdad erstreckt haben, eine Landschaft, die heute z. T. der Wüstenbildung anheimfällt. Auf dem Peloponäs haben Abholzungen im Gebirge umfangreiche Bodenerosionen ausgelöst, so daß teils kahle Landschaften zurückblieben, und ebenso waren die Berge des Libanon einst von Wäldern bedeckt, ehe man die Eichen- und Zedernbestände radikal dezimierte. Sogar in Mitteleuropa wurden die ursprünglichen Wälder durch Holzgewinnung und durch Weidebetrieb in den Laubwäldern bis auf kümmerliche Reste reduziert, und erst eine gezielte Aufforstung bescherte uns den gegenwärtigen Waldbestand. In anderen Regionen der Erde geht indessen der Raubbau an Wäldern immer weiter. Erwähnt wurde bereits die irreversible Beseitigung tropischer Regenwälder, um Nutzhölzer, Ackerland und Bodenschätze zu gewinnen. Nicht minder dramatisch, wenn auch von der Öffentlichkeit nicht so stark beachtet, vollzieht sich der Holzeinschlag in der borealen Nadelwaldzone, d. h. in der Taiga. In Finnland versucht man, durch strikte Wiederaufforstungsmaßnahmen die Folgen der Holznutzung so gering wie möglich zu halten, doch hierbei handelt es sich lediglich um einen sehr kleinen Bereich der gesamten borealen Klimazone.

Wegen der kurzen Vegetationsperiode im Sommer wachsen die Bäume langsamer nach als in der gemäßigten Klimazone. Eine natürliche Regeneration der Wälder nach einem Kahlschlag ist deshalb nur selten möglich, denn die Taiga lebt von einem empfindlich ausbalancierten Wasserhaushalt: die lichte Pflanzendecke verdunstet etwa ebenso viel Wasser, wie Schnee und Regen dem Gebiet zuführen. Fehlen nach einem Kahlschlag die die Verdunstung fördernden Bäume, dann stellt sich rasch ein Wasserüberschuß ein, der den Boden versumpfen und vermooren läßt. Auf dem versumpften Gelände können jedoch keine Bäume mehr gedeihen, und das Gebiet bleibt dauerhaft baumlos.

Sowohl in der Taiga als auch anderswo auf der Erde erhalten Wälder nicht nur die Böden und schützen sie vor Abtragung oder Versumpfung, sie mildern auch extreme Klimaschwankungen, weshalb einige Tier- und Pflanzenarten nur in Wäldern überleben können. Der Erhalt möglichst vieler Wälder auf der Erde ist deshalb nicht nur als Rohstoffquelle unerläßlich, sondern auch zur Sicherung der Artenvielfalt.

Erhalten kann man diese Lebensgemeinschaften nur dann, wenn man ihnen fortwährend Möglichkeiten zur Regeneration bietet. Das wird am ehesten im sog. Plenterbetrieb gewährleistet, d. h. wenn nur ältere, einzelne Bäume aus einem Bestand entfernt werden, so daß im Schutze der verbleibenden Bäume Jungpflanzen nachwachsen können. Kahlschläge und Wiederaufforstungen sind zwar in einigen Klimazonen der Erde möglich, aber diese Form der Waldnutzung bedeutet stets einen tiefen Eingriff in die Bodenstruktur und den Artenbestand des ursprünglichen Waldes.

7.2 Bergbau und seine Folgen für die Landschaft

Holz stellt zwar noch immer einen sehr wichtigen Rohstoff dar, aber im Laufe der Zeit gesellten sich viele andere, ebenso wichtige Rohstoffe dazu. Viele mineralische Rohstoffe werden heute in großindustriellem Maßstab aus dem Boden gewonnen. Neben den heute erforderlichen Gruben und Schächten nehmen sich die Flintsteingruben der Steinzeitmenschen wie Kinderspielzeug aus. Die enormen Ausmaße des modernen Bergbaus machen ihn zu einem unübersehbaren Umweltproblem für die davon betroffenen Gebiete.

Im Tagebau wird zunächst großflächig Abraummaterial beiseite geschafft, um dann stufenweise (= Strossen) die zu fördernden Rohstoffe, wie Braunkohle oder Erze, abzubauen. In Deutschland gewinnt man auf diese Weise die Braunkohle bis zu einer Tiefe von 380 m. Dem sehr großflächig betriebenen Abbau mußten ganze Waldgebiete und landwirtschaftliche Nutzflächen samt zugehörigen Dörfern weichen. Während des Abbaus muß die Talsohle der Gruben trocken gehalten werden d. h., eindringendes Grundwasser ist ständig abzupumpen. Dadurch sinkt jedoch auch in der Umgebung der Tagebaugrube der Grundwasserspiegel, was sich nachhaltig auf die Vegetation auswirkt d. h., Ackerbau kann unrentabel werden, und alle feuchtigkeitsbedürftigen Pflanzen in der Umgebung verlieren ihre Lebensgrundlage. Nur noch eine Trockenheit tolerierende Vegetation mit entsprechend geringer Biomasseproduktion kann hier überleben (Abb. 13). Nach der Beendigung des Abbaus muß zumindest in Deutschland die ausgebeutete Grube einer neuen Nutzung zugeführt werden, die vor Beginn des Abbaus bereits festgelegt wurde. Meist besteht diese Nachnutzung in einer partiellen Verfüllung der Grube mit anschließender Begrünung, so daß das Gelände als Erholungs- oder Sportgebiet dienen kann. In einigen Fällen läßt man Seen entstehen, bei denen ein abgeschrägtes Ufer Wassersportmöglichkeiten eröffnet. Alle Nachnutzungsmaßnahmen dürfen jedoch nicht darüber hinwegtäuschen, daß das betreffende Gelände zunächst einen weitgehend sterilen Untergrund aufweist, der zunächst noch keinen natürlichen Kontakt zum Grundwasser besitzt. Deshalb kann sich zunächst nur eine verhältnismäßig artenarme, sekundäre Lebensgemeinschaft ausbilden, die noch über geraume Zeit hinweg deutlich von der ursprünglichen Flora und Fauna verschieden ist. Dennoch sind

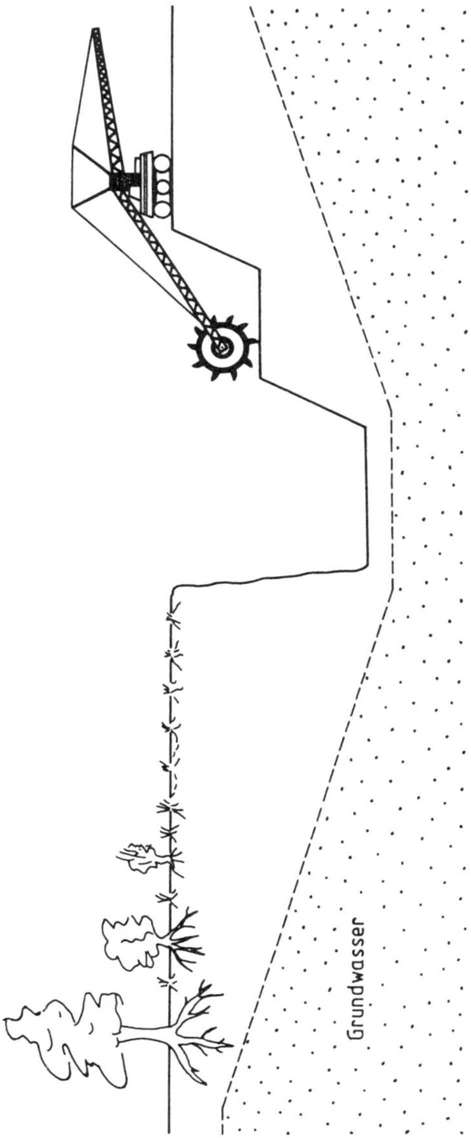

Abb. 13 Auswirkungen des Bergbaus auf den Grundwasserspiegel und auf die Vegetation

solche Renaturierungsmaßnahmen unerläßlich, um tiefe Narben in der Landschaft zu schließen und um eine Starthilfe zu erneuter Bodenbildung und zur Ansiedlung anspruchsvollerer Pflanzengesellschaften zu ermöglichen. Wenn man Wiederbegrünungsmaßnahmen unterläßt, bleibt nach Beendigung des Tagebaus eine verwüstete, kaum begrünte Landschaft zurück, mit unregelmäßigen Hügelfeldern und einem völlig sterilen Bodensubstrat. Dennoch werden sich hier zunächst sog. Pioniergewächse ansiedeln, das sind anspruchslose, sonnenbedürftige Pflanzen, die ein weit verzweigtes Wurzelwerk ausbilden. Die noch schüttere Pflanzendecke erlaubt umfangreiche Bodenerosionen durch Wind und Wasser. Erst wenn abgestorbenes Pflanzenmaterial eine gewisse Humusbildung eingeleitet hat, können sich etwas anspruchsvollere Pflanzenarten (= Folgegesellschaften) behaupten. Die Geschwindigkeit, mit der sich spontan angesiedelte Pflanzengesellschaften weiterentwickeln, hängt maßgeblich davon ab, wie viele Pflanzennährstoffe der Untergrund freisetzen kann und in welchem Niveau sich ein neuer Grundwasserspiegel einstellt. Die Ausgangsbedingungen für eine spontane Wiederbegrünung können deshalb örtlich außerordentlich große Unterschiede aufweisen. In trockenen Klimazonen hinterlassen Tagebaubetriebe wüstenhafte Landschaften. Das trifft auch dann zu, wenn man mikrobielle oder chemische Erzaufschlußverfahren vor Ort einsetzt, um mit deren Hilfe metallhaltige Lösungen zu gewinnen.

Ebenso wie beim Tagebaubetrieb muß auch beim Untertageabbau kontinuierlich Wasser aus den Stollen abgepumpt werden, so daß sich die gleichen Auswirkungen auf den Grundwasserspiegel der Bergbaulandschaft einstellen, wie beim Tagebau. Der sinkende Grundwasserspiegel kann den Boden nachsacken lassen, was zu Setzungsrissen an Straßendecken und Häuserwänden führt.

Stets stellt der Abraum ein Problem für die Bergbaulandschaft dar. Noch bis in die erste Hälfte dieses Jahrhunderts türmte man ihn zu kegelförmigen Halden auf. Je nach der Zusammensetzung des Gesteins konnten sich spezifische Pflanzengesellschaften auf dem Abraum ansiedeln. Inzwischen plant man die Ablagerung des Abraums von Beginn an sorgfältiger, so daß Störungen des Landschaftsbildes geringer ausfallen, und man bemüht sich, die Halden einer sinnvollen Nachnutzung zuzuführen, etwa als Sport- oder Naherholungsstätten. Die Haldenhöhe versucht man natürlichen

Bodenerhebungen der Landschaft anzupassen. Die Hangneigung gleicht man natürlichen Berghängen an, indem man den Haldenhang zur Basis hin flach auslaufen läßt. Als Generalneigung der Haldenhänge werden Gefälle von 1:2,5 bis 1:3 empfohlen. Um eine Erosion durch Regenwasser zu vermeiden, werden die Halden in Schichten von 8-12 m Mächtigkeit angelegt, wobei jede Schicht von der nächsten durch mehrere Meter breite Stufen, sog. Bermen, abgesetzt wird. Die Bermen können später zur Anlage von Fahr- und Wanderwegen benutzt werden. Zur Begrünung beschichtet man die Halden entweder mit Mutterboden, den man sofort mit verschiedenen Pflanzenarten begrünen kann, oder man pflanzt auf den nackten Haldenboden zunächst Pioniergewächse und läßt eine natürliche Pflanzenfolge (= Sukzession) entstehen.

Schwierig gestaltet sich die Wiederbegrünung von Halden aus grobem Gestein, wie z. B. Schiefer oder Schlacken, oder aus salzhaltigem Gestein. Während salzhaltiges Gestein bis heute als unbegrünbar gilt, besteht bei den anderen Substraten zumindest die Möglichkeit der Beschichtung mit Mutterboden und anschließender Begrünung.

Vergleichsweise gering fällt der Abraum beim Erbohren von Erdölquellen aus. Das Bohrklein bildet zusammen mit dem als Kühl- und Schmiermittel zugesetzten Bohrspülmittel einen Schlamm, den man häufig in künstlich angelegten Teichen eintrocknen läßt. Das größte Problem bei Erdölbohrungen besteht darin, beim Anbohren einer Ölquelle das Bohrloch baldmöglichst abdichten zu können, damit nicht zu viel Öl austritt und den Boden, oder bei unterseeischen Bohrungen das Meerwasser, belastet.

7.3 Schwermetalle und deren Eintritt in Nahrungsketten

Der Bergbau fördert große Mengen von Rohstoffen an die Erd-oberfläche, die dort von Natur aus nur in sehr geringer Konzentration vorliegen. Besonders umweltbelastend wirken sich neben Erdöl und radioaktiven Elementen vor allem Schwermetalle aus. Noch bevor die Menschen Erze förderten, spielten gewisse Schwermetalle, wie Eisen, Kupfer, Mangan, Molybdän und Zink, eine Rolle als Spurenelemente im Körper von Pflanzen und Tieren. Sind jedoch die in den Zellen für

Tabelle 4 Übersicht über einige auf den Menschen giftig wirkende
Schwermetalle

Metall	Halbwertzeit im Körper	Toxizität
Blei	1 Monat (weiche Gewebe) bis 30 Jahre (Knochen)	*anorg. Blei*: Verdauungsstörungen, Koliken, Hemmung der Häm-Synthese (Anämie) *org. Bleiverb.*: Störungen des Nervensystems: Krämpfe, Lähmungen, geistige Minderleistungen
Cadmium	mehrere Jahre (weiche Gewebe) mehrere Jahrzehnte (Knochen)	Leber- und Nierenschäden Skelettschrumpfung (Itai-Itai Krankheit), im Tierversuch Krebsbildung
Chrom	gering	Leberschäden, Allergie, Krebsbildung
Nickel		Hautausschläge (Nickelkrätze) Krebsbildung
Cobalt		Koliken, Erbrechen, Herzmuskeldegeneration
Arsen		Durchfall, Haarausfall, Hautpigmentierung, Nierenschäden, Atemlähmung, Krebsbildung
Quecksilber	>100 Tage (Gehirn) 70-80 Tage (andere Organe)	*anorg. Quecks.*: Erbrechen, Kolik, Zahnverlust, Nierenschäden *org. Quecks.-Verb.*: Unruhegefühl, Zittern, Einschränkung der Sinneswahrnehmungen, Lähmungen, geistige Störungen durch Hirnschäden (Minamata Krankheit)
Zink		Blutarmut (Anämie)

diese Schwermetalle vorgesehenen Bindungsorte bereits besetzt und strömen weitere Schwermetalle in die Zellen, dann können die Überschüsse unspezifisch an Enzyme, Zellmembranen und mitunter sogar an die DNA gebunden werden. Solche unspezifischen Bindungen verursachen Störungen im Stoffwechsel d. h., sie wirken toxisch (Tab. 4).

Die Hauptquellen für die Verbreitung von Schwermetallen in der Umwelt stellen die schwermetallverarbeitenden Betriebe und das Verbrennen großer Mengen von Kohle und Holz dar, denn in den Verbrennungsgasen finden sich Spuren vieler Schwermetalle, die sich im Laufe der Zeit auf Pflanzen und Böden niederschlagen. Pflanzen sammeln Schwermetalle nicht nur an ihrer Oberfläche, sie nehmen sie z. T. auch aus dem Boden auf und speichern sie. Über die Pflanzen, die Tieren und Menschen als Nahrung dienen, treten die Schwermetalle in Nahrungsketten ein. Ein anderer Weg der Schwermetalle in Nahrungsketten wurde bereits in Abb. 10 vorgestellt: Mikroorganismen methylieren verschiedene Schwermetalle, machen sie damit fettlöslich und leichter resorbierbar für Lebewesen. Schließlich können Schwermetalle auch über die Atmungsorgane aus der Luft aufgenommen werden, wobei wiederum die zuvor alkylierten Formen über die Lungenepithelien leichter resorbiert werden als elementare Schwermetalle oder Schwermetallsalze bzw. -oxide.

Schwermetalle stellen nicht zuletzt deshalb ein so großes, gesundheitliches Risiko für Tiere und Menschen dar, weil sie z. T. nur langsam aus dem Körper ausgeschieden werden und sich in Knochen, Zähnen, Fettgewebe, Nieren, Leber oder Nervengewebe ablagern (Tab. 4). Beispielsweise wird Cadmium sehr gut an bestimmte Proteine im Körper, sog. Metallothioneine, gebunden, womit man sich den bevorzugten Eingang dieses Metalls in Leber und Nieren erklärt. Zudem kann Cadmium in Knochen z. T. Calcium ersetzen. Blei und Quecksilber werden dagegen leichter alkyliert und dringen deshalb bevorzugt in Nervenzellen ein, was zu typischen Nervenschäden führt. Die mitunter sehr langen Verweilzeiten von Schwermetallen im Körper führen dazu, daß bereits Spuren dieser Stoffe bei fortgesetzter Aufnahme toxisch wirkende Konzentrationen im Körper aufbauen. Andere Schwermetalle, wie beispielsweise Chrom, werden dagegen rasch ausgeschieden. Sie können nur dann Vergiftungen verursachen, wenn die toxisch wirkende Dosis auf einmal aufgenommen wird.

Schwermetalle verursachen wegen ihrer unterschiedlichen, biochemischen Eigenschaften ein breites Spektrum verschiedenartiger Vergiftungssymptome, wie sie in Tabelle 4 summarisch aufgelistet sind. Die hohe Toxizität der meisten Schwermetalle - Edelmetalle sind davon in der Regel ausgenommen - mahnt dazu, ihren Gebrauch drastisch einzuschränken. Wichtige Schritte in dieser Richtung sind der Verzicht auf Wasserrohre aus Blei, der Verzicht auf bleihaltige Antiklopfmittel in Kraftstoffen, der Verzicht auf Quecksilber in Thermometern, Barometern und in Saatgutbeizmitteln, die verminderte Anwendung blei- und cadmiumhaltiger Farbstoffe und vieles andere mehr.

Dennoch spielen viele Schwermetalle auch heute noch eine wichtige Rolle in der Umwelt der Menschen. Dazu gehören Schwermetallüberzüge auf Eisenteilen, wie Chrom, Nickel, Zink und Zinn, Elektroden in wiederaufladbaren Akkumulatoren aus Nickel, Cadmium oder Blei, das Amalgam der Zahnfüllungen und verschiedene Schwermetalle in elektrischen und in elektronischen Gerätschaften. Die Bemühungen um eine spürbare Verminderung des Einsatzes von Schwermetallen muß deshalb intensiv fortgesetzt werden. Neben Schwermetallen beschert uns die Industrialisierung eine Fülle weiterer Abfallprobleme, die in Abschn. 8 besprochen werden.

7.4 Energiewirtschaft

Mit zunehmender Industrialisierung wächst auch der Energiebedarf der Menschen, denn neben der industriellen Produktion verschlingen Landwirtschaft, Verkehr und sogar die privaten Haushalte immer mehr Energie. Stellt man sich die Frage, wieviel Energie auf der Erde freigesetzt werden darf, ohne die bestehenden Ökosysteme ernsthaft zu beeinträchtigen, dann muß man davon ausgehen, daß wahrscheinlich ein Temperaturanstieg der erdnahen Atmosphäre von mehr als 0,8 °C zu klimatischen Veränderungen führen würde. Doch diesen Punkt haben wir noch lange nicht erreicht, wenn wir lediglich die Freisetzung von Primärenergie durch den Menschen betrachten. Im Jahr 1990 lag weltweit die durch die Menschen freigesetzte Primärenergie etwa bei einem Zehntausendstel des durch die Sonne

eingestrahlten Energiebetrages. Wenn uns aus diesem Blickwinkel
betrachtet noch ein beträchtlicher Spielraum zur Verfügung zu stehen
scheint, so muß darauf hingewiesen werden, daß die Energiefreisetzung stets im Zusammenhang mit wärmespeichernden Spuren-
gasen in der Atmosphäre gesehen werden muß, weil auch sie in das
Klimageschehen der Erde eingreifen können, wie in Abschn. 7.4.2
gezeigt wird.
     Zunächst soll ein Wort zu dem viel strapazierten Begriff "Energie-
erzeugung" gesagt werden. Nach dem ersten Hauptsatz der
Thermodynamik kann Energie weder erzeugt werden noch kann sie
verlorengehen. Energie kann jedoch umgewandelt werden, so daß
beispielsweise chemische Bindungsenergie oder die Anziehungskräfte,
die einen Atomkern zusammenhalten, in Wärmeenergie umgewandelt
werden können. Hinsichtlich des Klimas auf der Erde interessiert uns
meist der Fall, wieviel der Energieform "Wärme" aus einem
Energieträger freigesetzt wird.

7.4.1 Fossile Brennstoffe und toxisch wirkende Abgase

Die Freisetzung von Wärmeenergie bereitet uns derzeit vor allem
deshalb Schwierigkeiten, weil sie bisher meist mit deutlichen
Belastungen der Umwelt verknüpft ist. Die am häufigsten genutzten
Energiequellen sind die sog. fossilen Brennstoffe, die aus Photo-
syntheseprodukten längst vergangener Erdzeitalter entstanden. Alle
diese Substrate bestehen vorzugsweise aus reduzierten Kohlenstoffverbindungen. Die vor hunderten von Millionen Jahren zur Reduktion
von Kohlendioxid von Photosynthetikern fixierte Sonnenenergie kann
heute durch Oxidation, d. h. durch Verbrennung an Luft, wieder
freigesetzt werden. Da alle fossilen Brennstoffe aus abgestorbenen
Lebewesen hervorgegangen sind, enthalten sie neben reduzierten
Kohlenstoffverbindungen auch die zum Aufbau ihres Körpers
erforderlichen Mineralstoffe. Während der langen Lagerung der
verschiedenen Formen fossiler Brennstoffe in der Erde haben sie
unterschiedliche Veränderungen erfahren, so daß von den ursprünglichen Begleitstoffen der Photosyntheseprodukte unterschiedlich große
Reste heute noch vorhanden sind. Deshalb sind die Abgase, die bei der
Verbrennung von Erdgas und von Braunkohle entstehen, unterschied-

lich zusammengesetzt. Stets entstehen bei der Verbrennung
Kohlendioxid und Wasserdampf. Daneben können die Verbrennungs-
gase recht unterschiedliche Mengen von Schwefeldioxid, Stickoxiden
und verschiedenen Metalloxiden enthalten, wenn auch in sehr geringer Konzentration. Schwefeldioxid stammt aus schwefelhaltigen,
organischen Verbindungen, besonders aus Aminosäuren, während
Stickoxide nur zum Teil aus stickstoffhaltigen, organischen Verbindungen stammen. Zum größten Teil entstehen sie aus Luftstickstoff
bei Verbrennungstemperaturen oberhalb von 1000-1200 °C. Deshalb
entstehen Stickoxide auch bei der Verbrennung von Erdgas, das
hauptsächlich aus Methan besteht und kaum noch stickstoffhaltige
Verbindungen enthält.

Schwefeldioxid und Stickoxide sind die wichtigsten Komponenten,
die den sauren Regen verursachen. Darunter versteht man Niederschläge mit einem pH-Wert von weniger als 5,6, denn bis zu diesem
Grenzwert kann das Wasser alleine durch Kohlendioxid der Luft
angesäuert werden. Schwefeldioxid und Stickoxide verbleiben nur
etwa 1-5 Tage in der bodennahen Atmosphäre, ehe sie mit Regen oder
trocken ausgeschieden werden. Wenn sie dennoch eine ständige
Belastung unserer Atmosphäre darstellen, dann deshalb, weil
Industrie, Kraftfahrzeuge und Heizungsanlagen diese Gase ständig
ausstoßen. Würde man nur eine einzige Woche auf den Ausstoß dieser
Abgase verzichten, dann enthielte die Atmosphäre nur noch die
natürlicherweise vorkommenden Spuren an Schwefeldioxid und an
Stickoxiden, an die sich die Lebewesen im Verlaufe einer langen
Evolution angepaßt haben. Lediglich mit der raschen Zunahme dieser
beiden Gase im Verlaufe weniger Jahrzehnte konnte das Anpas-
sungsvermögen der Lebewesen nicht Schritt halten.

Worin besteht nun die Schadwirkung dieser beiden Abgase? Für
akute Vergiftungen sind die im Freiland auftretenden Konzentrationen
zu gering. Dennoch glaubt man, daß sie beim Menschen langfristig an
Schädigungen der Atemwege beteiligt sind, weil sie sie ständig sub-
akut reizen. Beim Schwefeldioxid hält man es für möglich, daß es sich
an besonders stark belasteten Standorten am Zustandekommen des
Pseudokrupp beteiligt, einer krampfartigen Verengung der Atemwege,
die nicht nur virös sondern auch allergisch-infektiös bedingt sein kann.
Möglicherweise beteiligen sich die sauren Gase sogar an der
Ausbildung von Hauterkrankungen (Allergien), was allerdings im

Einzelfall nicht exakt nachgewiesen werden kann, weil sie dabei nur als Hilfs- oder Cofaktoren wirksam werden. Völlig unbestritten sind bisher lediglich Schäden, die höhere Konzentrationen dieser Schadgase verursachen. In Konzentrationen von mehr als 10 ppm (ml/m^3) verengt Schwefeldioxid die Bronchien und kann Lungenödeme auslösen. Deshalb wurde die maximale Arbeitsplatzkonzentration für Schwefeldioxid auf 2 ppm festgelegt. Diesen Grenzwert darf man jedoch nicht isoliert betrachten. Bei zunehmender Staublast der Luft, vor allem bei Partikelgrößen deutlich unter 5 µm Durchmesser, nimmt die Toxizität dieses Gases zu, weil sich so kleine Staubpartikel gasähnlich verhalten und deshalb bis in die Lungenbläschen vordringen und nicht von den Flimmerepithelien der Bronchien ausgefiltert werden. An solche Staubpartikel adsorbierte Gase werden ebenfalls bis in die Alveolen mitgeschleppt und nicht im Bronchialschleim neutralisiert. Deshalb führten bei Smog-Katastrophen in London während der 50er Jahre, und später auch an anderen Orten, bereits Schwefeldioxidkonzentrationen von etwa 5 ppm zu einer erhöhten Sterberate, weil gleichzeitig der Staubgehalt der Luft erhöht war.

Trotz seiner kurzen Verweildauer in der Atmosphäre wird Schwefeldioxid z. T. zu Schwefeltrioxid oxidiert, das zusammen mit der Luftfeuchtigkeit Schwefelsäure bildet, die die Luftwege des Menschen ebenfalls stark reizt. Schwefelsäurehaltiger Nebel ist auch ein wesentlicher Bestandteil des winterlichen Smogs, der sich während der Heizungsperiode bei Inversionswetterlagen bildet. Schwefeldioxid zerstört auch das Chlorophyll der Pflanzen und hemmt auf diesem Wege die Photosynthese. Außerdem konkurriert es in den Chloroplasten mit Kohlendioxid um dessen Bindungposition bei der Kohlendioxidfixierung. Schließlich kann Schwefeldioxid die Zellmembranen für verschiedene Stoffe durchlässiger machen und damit den Stoffaustausch von Zelle zu Zelle erheblich stören. Äußerlich sichtbare Schäden in Form von Blattvergilbungen treten bei Konzentrationen von nur 0,017 ppm auf, wenn sie mindestens 8 Stunden lang wirksam werden. In der Regel reagieren Koniferen empfindlicher als krautige Pflanzen und Laubbäume. Noch empfindlicher als Koniferen verhalten sich Moose und Flechten, die keine reguläre Außenhaut besitzen, wie höhere Pflanzen. Deshalb verwendet man das Wuchsbild von Flechten als Erkennungsmerkmal für Luftschadstoffe. Bilden die Flechten einen geschlossenen Fleck auf ihrer Unterlage, dann sind sie gesund, und die Luft kann nicht stark belastet sein; beginnen die Flechten sich vom Zentrum her aufzulösen oder zu zerbröckeln, dann werden sie durch Schwefeldioxid oder andere Luftschadstoffe geschädigt. Verschwinden sie völlig, dann besteht die Gefahr, daß die Schadstoffkonzentrationen in der Luft so groß sind, daß Bäume und Sträucher darunter leiden. Wird das Wasser von Seen angesäuert, so daß sein pH-Wert auf 5,2 sinkt, dann sterben Muscheln und Wasserschnecken, sinkt er unter 4,5, dann sterben nahezu alle Fische und Kleinlebewesen im Wasser, wie Insektenlarven und Algen.

Mit den Auswirkungen von Schwefeldioxid auf Lebewesen ist dessen Schädigungspotential noch keineswegs erschöpft. Saure Niederschläge greifen auch Metalle und Steine an, besonders carbonatreichen Sandstein, Beton, Alkaligläser, wie sie hauptsächlich früher verwendet wurden, Papier, Textilien und Leder. Mit Säuren belastete Luft verursacht alljährlich Schäden in Höhe von vielen Millionen Mark allein in Deutschland. Bestimmte Verursacher kann man für solche Schäden praktisch nie ausmachen, weil die Säuren mit dem Wind hunderte von Kilometern verdriftet werden. Gläser aus dem Mittelalter und Bauwerke aus der Antike sind seit einigen Jahrzehnten einem so rapiden Verfall ausgesetzt, daß die Reparaturarbeiten hinter den ständig zunehmenden Schäden nur noch hinterherhinken und der Verfall alter Kulturgüter unaufhaltsam voranschreitet.

Ebenso wie Schwefeldioxid verursachen Stickoxide in der Regel keine akuten Vergiftungen beim Menschen. Dennoch sollte man Säuglinge besonders vor Stickstoffmonoxid schützen, etwa in der Nähe der Auspuffrohre von Kraftfahrzeugen, weil dieses Gas zur Bildung von Methämoglobin im Blut führt. Diese oxidierte Form des Hämoglobins eignet sich nicht mehr zum Sauerstofftransport, so daß die davon betroffenen Säuglinge an Blausucht leiden. Während erwachsene Personen das Methämoglobin wieder zum normal funktionsfähigen Hämoglobin reduzieren können, schafft der Stoffwechsel der Säuglinge diesen Entgiftungsvorgang noch nicht. Ähnlich wie Schwefeldioxid soll auch Stickstoffdioxid Zellmembranen schädigen, und es kann mutagen wirken. Bei Pflanzen fördern geringe Konzentrationen von weniger als 350 $\mu g/m^3$ das Wachstum, weil die Chloroplasten zu einem gewissen Umfang Stickoxide zur biologisch höchst wirksamen Aminogruppe reduzieren können, die in Aminosäuren eingebaut, die Proteinsynthese fördert. Da jedoch das heute allgegenwärtige Schwefeldioxid die Stickoxidreduktion bereits in sehr geringen Konzentrationen hemmt, schädigen Kombinationen von Stickoxiden und Schwefeldioxid die Pflanzen umso stärker. Man spricht dann von einem potenzierenden Effekt beider Schadgase. Stickoxide bilden in feuchter Luft salpetrige Säure und Salpetersäure, und deshalb beteiligen sie sich an der Bildung saurer Niederschläge.

Die gravierendste, heute unmittelbar spürbare Gesundheitsgefährdung geht jedoch von Ozon aus, das unter dem Einfluß von UV-Strahlen in der Atmosphäre aus Stickoxiden gebildet wird (Abb. 14). Während hochsommerlicher Sonnenperioden können bei Windstille Ozonkonzentrationen von 200 $\mu g/m^3$ und mehr erreicht werden, womit der MAK-Wert von 200 $\mu g/m^3$ nicht selten überschritten wird, ein Wert, der definitionsgemäß höchstens 8 Std. täglich auf gesunde, erwachsene Personen einwirken darf. Nach den Leitwerten der WHO (World Health Organization) ist eine solche Konzentration nur für maximal 1 Std. zulässig. Ozon in solchen Konzentrationen muß man also bereits als bedenklich ansehen, denn durch das hohe Oxidationspotential dieses Gases werden nicht nur Zellmembranen geschädigt, sondern auch viele organische Stoffe mit Mehrfachbindungen zwischen den Kohlenstoffatomen. Da die Ozonbildung vom Stickstoffdioxidgehalt der Luft und der Lichteinstrahlung abhängt, wäre ein wirksamer Schutz der Bevölkerung vor diesem Gas nur möglich, wenn man etwa eine Woche vor dem Beginn einer Schönwetterperiode den Kraftfahrzeugverkehr, die Hauptquelle für Stickoxidemissionen, drastisch einschränken würde, es sei denn, man entwickelt ein Antriebssystem, das keine Stickoxide ausstößt.

Beim Menschen verursacht Ozon Kopfschmerzen, Augenbrennen und reizt die Schleimhäute. Außerdem hemmt Ozon die Aktivität der Flimmerhärchen der Bronchien. Dieses Flimmerepithel soll mit der Atemluft in die Lunge eindringende Partikel nach außen zurückbefördern. Wird dieser ständig tätige Selbstreinigungsmechanismus gehemmt, dann verweilen Fremdstoffe länger in der Lunge, auch cancerogene Stoffe. Bei anhaltender Hemmung des Flimmerepithels muß man deshalb mit gesundheitlichen Spätschäden rechnen, die gegebenenfalls erst nach Jahrzehnten auftreten, etwa wie bei

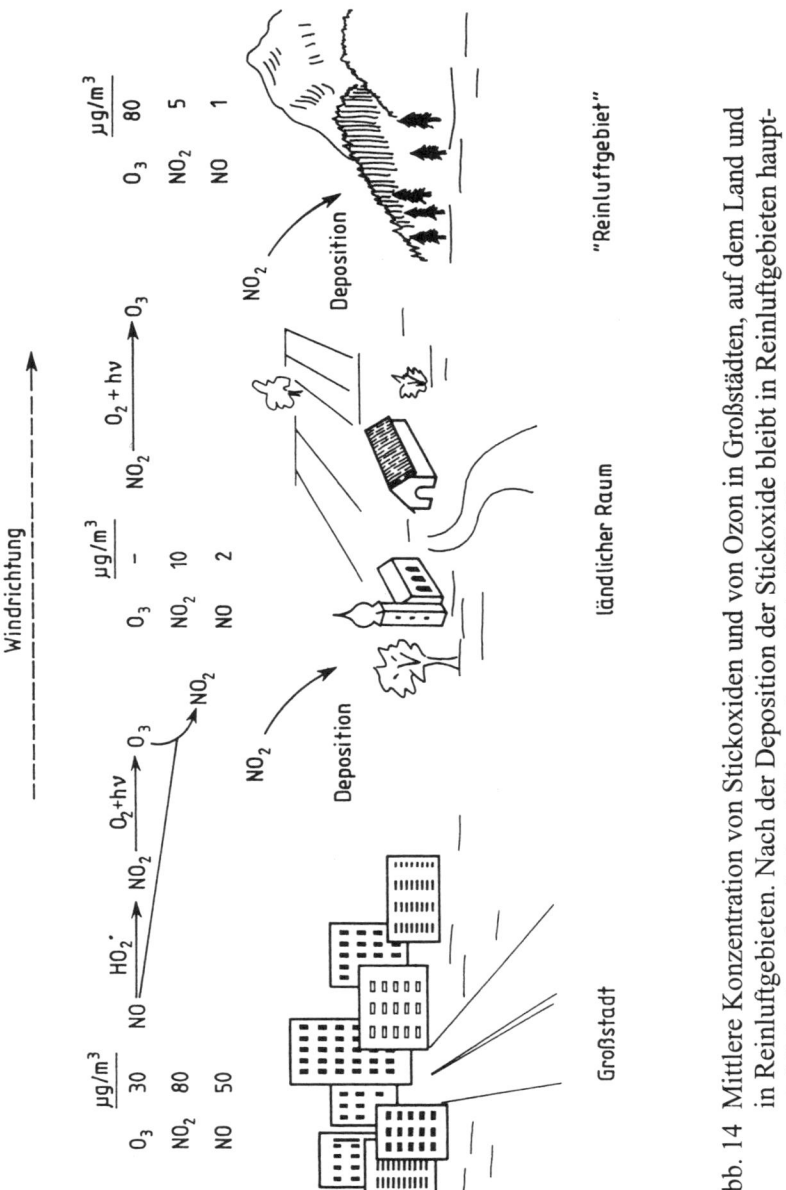

Abb. 14 Mittlere Konzentration von Stickoxiden und von Ozon in Großstädten, auf dem Land und in Reinluftgebieten. Nach der Deposition der Stickoxide bleibt in Reinluftgebieten hauptsächlich photochemisch gebildetes Ozon übrig (FEL 92)

Zigarettenrauchern, bei denen vom Rauchen ebenfalls die Flimmerepithelien geschädigt werden. Noch wesentlich empfindlicher als Menschen reagieren Pflanzen auf Ozon. Bereits bei 50 µg/m^3 treten hier erste Wachstumsstörungen auf, also weit unterhalb des MAK-Wertes. Pflanzen erleiden vielfältige Schäden durch dieses starke Oxidationsmittel: neben Zerstörungen der Zellmembranen wird das Chlorophyll oxidativ abgebaut, so daß die Blätter ausbleichen. Werden ganze Gewebsbezirke zerstört, so daß Luft eintritt, dann entstehen die für Ozonschäden besonders charakteristischen "Silberflecken" auf den Blättern. Die die Blatt- und Nadelepidermis schützenden Cutin- und Wachsschichten werden brüchig und lassen infektiöse Pilze in das Blattgewebe einwachsen.

In stark mit Abgasen belasteter Luft bildet sich neben Ozon auch Peroxiacetylnitrat (PAN), wenn in die durch UV-Strahlen induzierten, photochemischen Umsetzungen von Stickoxiden und Sauerstoff zusätzlich Kohlenwasserstoffe eingreifen. PAN wird bei Pflanzen nur unter Lichteinfluß physiologisch wirksam, weil es unter diesen Bedingungen zu Stickstoffdioxid und dem Peroxiacetylradikal gespalten wird, das zu vielen unphysiologischen Reaktionen in den Zellen befähigt ist.

An den umfangreichen Waldschäden (Waldsterben) in unserer Zeit sind offenbar alle diese Schadstoffe beteiligt. Je nachdem, ob die Wälder starkem Kfz-Verkehr ausgesetzt sind, industriellen Emissionen oder den Abgasen von Wohnraumheizungen, können unterschiedliche Abgaskomponenten dominieren.

7.4.2 Fossile Brennstoffe und der Treibhauseffekt

Bei der Verfeuerung fossiler Brennstoffe entsteht immer Kohlendioxid, das in weitem Konzentrationsbereich für Lebewesen ungiftig ist und bei Pflanzen sogar die Photosynthese steigert. Wenn dieses Abgas dennoch so intensiv diskutiert wird, dann deshalb, weil es im Bereich zwischen 2 und 20 µm Infrarotstrahlen absorbiert. Was bedeutet das? Das auf die Erde einfallende Sonnenlicht wird hier in Wärmeenergie umgewandelt, die z. T. als langwellige Wärmestrahlung (Infrarotstrahlung) in das Weltall zurückgeworfen wird. Diese Infrarotstrahlung kann Kohlendioxid z. T. absorbieren und damit einen

Teil der zurückgestrahlten Wärmeenergie in der Erdatmosphäre zurückhalten.

Als Folge der starken Industrialisierung während der beiden letzten Jahrhunderte wurde durch Verbrennungsprozesse mehr Kohlendioxid in die Atmosphäre entlassen, als durch Pflanzen gebunden wird und als das Meerwasser auflösen konnte. Deshalb hat sich der Kohlendioxidgehalt der Atmosphäre etwa seit dem Jahr 1750 von damals 280 ppm auf etwa 350 ppm in der Gegenwart erhöht. Den Kohlendioxidgehalt der Luft vergangener Jahrhunderte kennt man u. a. aus Analysen von Gasblasen arktischen und antarktischen Eises. In den Kohlendioxidhaushalt der Atmosphäre greifen wir nicht nur durch Verbrennung fossiler Brennstoffe ein, sondern auch durch das Abholzen großer Waldlandschaften, die einen umfangreichen Kohlenstoffspeicher in Form der Baumstämme darstellen, durch beschleunigten Humusabbau auf Äckern und Gartenland, durch Massentierhaltung und anderes mehr. Das in die Luft entlassene Kohlendioxid verbleibt dort etwa 3,3 Jahre und reichert sich deshalb viel stärker an, als Schwefeldioxid und Stickoxide.

In Modellrechnungen versucht man nun, den Einfluß des wärmespeichernden Gases auf die Erdatmosphäre und das Klima vorherzusagen. Solche Prognosen stoßen jedoch auf viele Schwierigkeiten, von denen eine darin besteht, daß das Klima auch ohne Änderung der Kohlendioxidkonzentration der Luft bereits erheblichen Schwankungen unterliegt. Dennoch kann man auf Temperaturmessungen vor dem Industriezeitalter zurückgreifen, und man kann Charakteristika der Vegetation und die Ausdehnung von Gletschern als Maßstäbe für Klimaveränderungen heranziehen. Unter Einbeziehung solcher Kriterien glaubt man, daß sich die Jahresmitteltemperatur seit der vorindustriellen Zeit um etwa 0,5 °C erhöht haben dürfte. Langjährige Beobachtungen über natürliche Klimaschwankungen führen zu der Annahme, daß man mit spürbaren Klimaänderungen erst rechnen muß, wenn sich die Jahresmitteltemperatur um mehr als 0,8 °C ändert. Diese Schwelle scheint noch nicht erreicht zu sein, aber wir sind auch nicht mehr sehr weit davon entfernt.

Würde man weiterhin so viel Kohlendioxid freisetzen, wie in der Gegenwart, dann könnte etwa in 100 Jahren eine Kohlendioxidkonzentration der Luft von etwa 490 ppm erreicht werden. Daraus kann man zwar nicht die Jahresmitteltemperatur im Jahr 2097 ableiten, aber man muß von der Vorstellung ausgehen, daß daraus eine Temperatursteigerung von mehr als 0,8 °C erwächst, denn die Zunahme des Kohlendioxidgehalts von der vorindustriellen Zeit bis heute betrug 70 ppm, die erwartete Zunahme von heute bis zum Jahr 2096 dagegen 140 ppm. Zu den Folgen einer dann zu erwartenden Klimaerwärmung würde ein vermehrtes Abschmelzen von Gletschereis und der polaren Eiskappen gehören. Sowohl abschmelzende Gletscher als auch abschmelzendes Polareis, das auf einem Festlandsockel ruht, würde den Meeresspiegel ansteigen lassen und tief liegende Küstenstreifen sowie flache Inseln, wie etwa die Malediven und die Seychellen, überfluten. Eine weltweite Erwärmung ließe die derzeit vorhandenen Klimazonen polarwärts wandern. Verfrüht wäre jedoch die Hoffnung, daß dabei die Zonen der borealen Nadelwälder (Taiga), wie etwa in Skandinavien und in Sibirien, sofort zu fruchtbarem Ackerland würden, denn es müßten erst jahrtausende lange Bodenbildungsvorgänge ablaufen, ehe tiefgründige und nährstoffreiche Böden aus den gegenwärtigen, flachgründigen Böden hervorgehen. Momentan fruchtbare Ackerböden würden gleichzeitig in wenig ertragreiche Trockensteppen übergehen, und Tiere und Pflanzen müßten bei Klimaänderungen versuchen, den ihnen angestammten Klimazonen nachzuwandern, sofern keine geographischen Barrieren eine solche Wanderung verhindern. Schließlich muß man damit rechnen, daß eine weltweite Klimaerwärmung häufiger starke Stürme entstehen läßt.

Die bisher angestellten Betrachtungen über Klimaänderungen und über deren mögliche zeitliche Abläufe sind auch insofern noch höchst ungenau, weil neben Kohlendioxid noch einige andere Spurengase in die Atmosphäre entlassen werden, die sich am Treibhauseffekt beteiligen. Zu den wichtigsten Vertretern dieser Gase gehören u. a. Methan, Lachgas (Distickstoffmonoxid), FCKWs (Fluorchlorkohlenwasserstoffe) und troposphärisches Ozon. Diese Spurengase erreichen z. T. beachtlich lange Verweilzeiten in der Atmosphäre. Man schätzt, daß Ozon (Produkt photochemischer Umwandlung von Stickoxiden) etwa 30-90 Tage in der Atmosphäre verbleibt, Methan (Massentierhaltung, Mülldeponiegase) ca. 4-7 Jahre, FCKWs (Kühlmittel, Treib- und Schäumgas) ungefähr 50-100 Jahre und Lachgas (schlecht belüftete, gedüngte Böden) sogar 150-200 Jahre. Bei so langen Verweilzeiten können ständig emittierte, winzige Spuren der

betreffenden Gase im Verlaufe von Jahrzehnten beträchtliche Konzentrationen in der Atmosphäre aufbauen. Schon heute, so nimmt man an,
erreichen diese zusätzlichen Treibhausgase etwa 50 % der
Wärmespeicherfähigkeit des Kohlendioxids.

Schließlich darf noch ein weiterer Faktor nicht übersehen werden,
der in das Klimageschehen eingreifen könnte, nämlich der Wasserdampf, der in einem sehr breiten Bereich des Infrarotspektrums (etwa
1-50 μm) Strahlung absorbiert. Normalerweise bleibt der Wasserdampfgehalt der Atmosphäre weitgehend konstant. Sollte sich aber die
Oberflächentemperatur der Erde um mehrere Grad Celsius erhöhen, so
daß mehr Wasser verdunstet, als es derzeit der Fall ist, dann würde der
vermehrte Wasserdampfgehalt der Atmosphäre einen weiteren Beitrag
zum Treibhauseffekt liefern.

7.4.3 Abgasreinigungsverfahren

Angesichts der ökologischen Schwierigkeiten, die allein die Abgase
aus der Verfeuerung fossiler Brennstoffe mit sich bringen, hat man
sich bereits vor Jahrhunderten Gedanken darüber gemacht, wie man
dieses Problem beseitigen kann, denn man mußte bereits seinerzeit
feststellen, daß in der Umgebung von Erzröstereien die Bäume Laub
und Nadeln verloren und z. T. ganz abstarben. Zunächst verbannte
man solche Betriebe in möglichst unbesiedeltes Land, und später baute
man zusätzlich hohe Essen, um die störenden Abgase möglichst gut in
der Luft zu verteilen. Doch die sauren Emissionen wurden mit Wind
und Wolken verdriftet und kehrten an entfernt liegenden Orten als
saure Niederschläge auf die Erde zurück. Im Verlaufe dieses
Jahrhunderts bemühte man sich deshalb immer mehr darum,
zumindest das Schwefeldioxid schon am Ort der Entstehung zu
beseitigen. Im einfachsten Fall entschwefelt man die Brennstoffe,
soweit es technisch möglich ist. Außerdem hat man während der
vergangenen Jahrzehnte eine Reihe von Verfahren entwickelt,
Schwefeldioxid und z. T. auch Stickoxide aus den Abgasen zu
entfernen.

Bewährt haben sich sog. Rauchgaswäscher, in denen das Abgas mit
Kalkmilch besprüht wird, wobei sich zunächst Calciumsulfit und dann
Gips bildet, den man als Baustoff weiterverwerten kann, sofern er

genügend rein anfällt. Gips kann sich bereits in der Brennkammer bilden, wenn man ein Gemisch aus gemahlener Kohle und Kalkstaub verbrennt. Modifiziert man dieses Verfahren so, daß man das Verbrennungsgemisch durch eingeblasene Luft in der Schwebe hält (Wirbelschichtfeuerung), dann kann man die Verbrennungstemperatur auf 800-900 °C senken. Unter diesen Bedingungen werden gleichzeitig bis zu 50 % weniger Stickoxide gebildet als bei den üblichen Verbrennungstemperaturen von mehr als 1000-1200 °C. Bei der Verbrennung eines Gemisches von Kohle- und Kalkstaub ist der entstehende Gips so stark mit Asche verunreinigt, daß man ihn nicht mehr als Baustoff verwenden kann. Verbrennt man Kohle ohne Zusatz von Kalk und leitet das Abgas durch eine warme Sulfitlösung (Wellmann-Lord-Prozeß), dann nimmt diese das Schwefeldioxid auf, das man später beim Abkühlen in sehr reiner Form zurückgewinnen kann, um es zu Gips oder anderen Produkten weiterverarbeiten zu können. Ebenfalls reines Schwefeldioxid erhält man, wenn man die Verbrennungsabgase durch ein Aktivkohlefilter schickt, das das Schwefeldioxid zunächst adsorbiert und später beim Erwärmen wieder abgibt (Bergbau-Forschungsverfahren).

Schwieriger gestaltet sich die Reinigung der Abgase von Stickoxiden, die man beispielsweise mit Ammoniak entfernen kann, wobei sich Stickstoff und Wasser bilden. Allerdings muß zuvor Schwefeldioxid entfernt worden sein, weil sonst der Ammoniak auch mit dem Schwefeldioxid reagiert. Zu den ganz wichtigen Verfahren gehört derzeit die Reduktion der Stickoxide zu Stickstoff mit Hilfe eines Platin-Katalysators, ähnlich wie er zur Abgasentgiftung bei Ottomotoren eingesetzt wird.

Ein ungelöstes Problem stellt das Kohlendioxid dar, das bei der Verbrennung fossiler Brennstoffe stets freigesetzt wird. Nur ein echter Kohlendioxidkreislauf von Verbrennung und Fixierung durch Photosynthese kann eine Belastung der Atmosphäre mit diesem Gas verhindern (Abschn. 7.4.4).

Bei jedem Verbrennungsvorgang werden auch Halogene, vor allem Chlor aus salzhaltiger Kohle, und feinste Feststoffe oder Stäube freigesetzt, die neben Rußteilchen diverse Metalloxide enthalten. Auch wenn es sich dabei nur um geringe Mengen handelt, summieren sie sich im Laufe der Zeit und stellen eine durchaus ernstzunehmende

Belastung für Böden und Lebewesen dar. Deshalb werden zumindest bei großen Kraftwerken und Abfallverbrennungsanlagen die Abgase entstaubt. Häufig bedient man sich dazu eines Elektrofilters, in dem die Staubpartikel mittels Hochspannung elektrisch aufgeladen werden und sich an der geerdeten Kammerwand niederschlagen. Dieses recht teure Verfahren beseitigt nicht nur 95-99 % der Stäube aus dem Abgas, es beseitigt auch die besonders gesundheitsschädlichen, lungengängigen Feinstäube mit einem Durchmesser von 1 μm und weniger.

7.4.4 Alternative Möglichkeiten der Energiegewinnung

Angesichts der gewaltigen Abgasproblematik ist unser Konzept der Energiegewinnung, das sich noch immer überwiegend auf die Verbrennung fossiler Brennstoffe stützt, längst reformbedürftig. Doch welchen Weg soll man beschreiten, um den ständig wachsenden Energiehunger der Menschen zu stillen? Betrachten wir einige wichtige Prinzipien der Energiefreisetzung und versuchen wir, einen Blick auf die damit verbundenen Umweltbelastungen zu werfen.

Nachwachsende Brennstoffe, wie Holz, Stroh und Pflanzenöle, liefern zwar bei der Verbrennung ebenso Kohlendioxid wie fossile Brennstoffe, doch bei der Anzucht der gleichen Pflanzen im folgenden Jahr binden sie ebensoviel Kohlendioxid durch Photosynthese, wie im Vorjahr bei der Verbrennung freigesetzt wurde. Es liegt also ein geschlossener Kreislauf vor, der die Atmosphäre nicht dauerhaft belastet. Eine Schwierigkeit dieses prinzipiell sinnvollen Systems besteht darin, daß die Menschen bisher pro Jahr mehr Biomasse verbrennen würden als sie an technisch gut verwertbarer Biomasse nachwachsen lassen können. Das gilt nicht nur für Holz, sondern auch für Stroh und Pflanzenöle. Ein weiteres Problem stellen die für die Anzucht der Energieträgerpflanzen erforderlichen, großen Kulturflächen dar. Solche großflächigen Monokulturen von "Chinagras" (Ramie) oder Raps bringen die gleichen Probleme mit sich, wie der großflächige Anbau von Nahrungsmittelpflanzen. Als Stichworte hierzu seien lediglich Düngemittel, Pestizide und Bodenerosion genannt (Abschn. 4). Solche Schwierigkeiten kann man eindämmen, wenn man es schafft, beispielsweise Raps in eine regelmäßige

Fruchtfolge mit anderen Kulturpflanzen einzufügen, so daß ein Acker beispielsweise nur alle drei Jahre die technisch nutzbare Pflanze trägt. Speziell der in Deutschland vorgeschriebene Anbau von Raps ohne die giftige Erucasäure (00-Raps) kann in der freilebenden Tierwelt Schäden verursachen, wie Zerstörung der roten Blutkörperchen und Beeinträchtigung der Sinnesorgane. Schließlich ist zu berücksichtigen, daß das Rapsöl, wenn es als Treibstoff ("Biodiesel") verwendet werden soll, zunächst gereinigt und verestert (Rapsölmethylester) werden muß, was zusätzlich Energie erfordert. Trotz aller Nachteile, die nachwachsende Energieträger wenig geeignet für eine Gesamtenergieversorgung der Menschen erscheinen lassen, sollte man in Landschaftsbereichen, die einen Anbau solcher Pflanzen zulassen, zumindest einen gewissen Teil des Energiebedarfs auf diese Weise decken.

Ebenfalls auf biologischen Energieträgern beruht die Biogasgewinnung, bei der die unterschiedlichsten organischen Reststoffe einer Gärung unterworfen werden, bei der über mehrere Zwischenprodukte schließlich eine Mischung von Methan als brennbarer Komponente, Kohlendioxid, Ammoniak und Schwefelwasserstoff entsteht. Das Gasgemisch kann man zur Wärmeerzeugung verbrennen oder als Treibstoff für einen Gasmotor einsetzen. Das dabei stets freigesetzte Kohlendioxid ist Bestandteil des natürlichen Kohlenstoffkreislaufs, da das Biogas stets aus frischen organischen Abfällen gewonnen wird. Versehentlich freiwerdendes Methan würde, weil es nicht photosynthetisch gebunden werden kann, den Treibhauseffekt verstärken. Problematisch verhalten sich jedoch Schwefelwasserstoff und Ammoniak, die vor der Verbrennung am besten durch Gaswäsche abgesondert werden sollten. Der bei der Biogasgewinnung anfallende, ausgegorene Restschlamm kann ebenso wie Klärschlamm als Bodenverbesserungsmittel verwendet werden. Da die technischen Anlagen, die Prozeßführung der Gärung und nicht zuletzt der Transport der organischen Reststoffe zum Biogasreaktor verhältnismäßig hohe Kosten verursachen, ist die Biogasgewinnung längst nicht so weit verbreitet, wie es das umfangreiche Angebot an organischen Reststoffen eigentlich zuließe.

Neben den Energiegewinnungsverfahren aus Kohlenstoffverbindungen steht eine Anzahl von Verfahren zur Verfügung, die ganz andere Energieträger nutzen. Das derzeit weltweit wichtigste

Verfahren, bei dem weder Kohlendioxid noch Schwefeldioxid oder Stickoxide freigesetzt werden, besteht in der Nutzung der Kernenergie, wobei man einen kleinen Teil jener Energie freisetzt, die die Elementarteilchen des Atomkerns zusammenhält. In der Praxis bedient man sich dazu großer, wenig stabiler Elemente, wie Uran 235, Uran 233 und Plutonium 239. Bei der Spaltung der Atomkerne dieser Elemente mittels Neutronen wird so viel Energie freigesetzt, daß man damit Wasser auf ca. 300 °C erwärmen kann, das entweder direkt oder über einen sekundären Wasserkreislauf eine Turbine zur Stromerzeugung antreibt. Bei der Kernspaltung werden sowohl im Wasser als auch in festen Materialien des Kernkraftwerks radioaktive Elemente gebildet, doch können diese normalerweise nicht ins Freie gelangen, weil der gesamte Reaktorraum von einer Stahlhülle und zwei dicken Betonhüllen von der Außenwelt abgeschirmt wird. Nur Spuren von Radioaktivität entweichen, und so ist die Bevölkerung in einer Entfernung von 2 km normalerweise einer mittleren Strahlendosis von etwa 0,01 mSv pro Jahr ausgesetzt. Damit wird die Strahlenbelastung der Menschen durch andere Quellen, vor allem der Medizin und radioaktiver Niederschläge (fall out), ganz deutlich unterschritten. Solche Durchschnittswerte sagen jedoch noch nicht viel über die im Verlaufe eines Jahres möglicherweise auftretenden, erhöhten Kurzzeitbelastungen aus. Weitaus größere Sorgen als der Normalbetrieb von Kernkraftwerken bereiten jedoch Reaktorunfälle und die Beseitigung verbrauchter Brennstäbe, die noch immer hoch radioaktiv sind.

Obwohl Reaktorunfälle äußerst selten auftreten sollen, ereigneten sich dennoch bereits mehrere solcher Havarien, von denen diejenigen bei Harrisburg (USA, 1979) und bei Tschernobyl (Ukraine, 1986) am bekanntesten sind. Bei dem Unfall von Tschernobyl wurden große Mengen von Radioaktivität freigesetzt, die bis nach Nord-, Mittel- und Westeuropa verdriftet wurden. Die Angaben über Todesfälle im Zusammenhang mit dem Reaktorunglück von Tschernobyl schwanken zwischen 38 und 125000, je nachdem, ob das publizierende Organ die Kernenergiegewinnung unterstützt oder nicht. Kaum abzuschätzen sind Folgeerkrankungen bei Menschen, die dem radioaktiven Niederschlag nach dem Reaktorunglück ausgesetzt waren. Steigende Zahlen von Schilddrüsenerkrankungen und von Blutkrebs (Leukämie), insbesondere bei Kindern und Jugendlichen in Weißrußland, geben zu großer Sorge Anlaß. Rein theoretisch muß man davon ausgehen, daß der Umkreis, in dem sich solche Spätschäden zeigen, deutlich größer ist, als man es heute noch offiziell zur Kenntnis nehmen will. Dazu kommt, daß auf einer Fläche von mindestens 100000 km^2 um Tschernobyl, das entspricht etwa einem Drittel von Deutschland, der Boden so stark mit radioaktiven Stoffen belastet ist, daß hier auf unabsehbare Zeit weder Land- noch Forstwirtschaft betrieben werden kann. Offenbar werden die freigesetzten Radioisotope besonders von der Humusschicht der Böden so stark adsorbiert, daß sie nur sehr langsam in tiefere Bodenschichten gewaschen werden. Da Pilze ihr Fadengeflecht (Mycel) in der Humusschicht der Waldböden ausbreiten, gehören sie zu den heute noch am stärksten mit radioaktiven Elementen belasteten Gewächsen. Angesichts solcher Langzeitschäden, deren Ausklingen noch nicht absehbar ist, muß man auch seltene Reaktorunfälle als besonders großes Risiko für Menschen und andere Lebewesen einstufen und nicht verniedlichend von einem gewissen "Restrisiko" sprechen.

Neben Reaktorunfällen stellen verbrauchte Brennstäbe ein Problem der Kernenergiegewinnung dar. Brennstäbe sind unbrauchbar, wenn deren spaltbares Material unter die sog. kritische Masse sinkt, die eine sich selber unterhaltende Kettenreaktion im Reaktor gewährleistet. Da ein allgemein anerkanntes Konzept einer sicheren Endlagerung ausgedienter Brennstäbe noch nicht existiert, werden die radioaktiven Abfälle in Stahlfässern in hierfür eingerichteten, oberirdischen Lagerhallen zwischengelagert, bis man eine Möglichkeit zur Endlagerung gefunden hat, oder man extrahiert auf chemischem Weg die Reste spaltbaren Materials, um daraus neue Brennstäbe herzustellen. Alle anderen radioaktiven Reste werden in ein spezielles Glas eingeschmolzen und ebenfalls in Hallen zwischengelagert. Diese sog. Kokillen weisen eine Temperatur von 300-400 °C auf. Wie sich das Glas unter der Hitze- und Strahlenbelastung langfristig verhält, konnte naturgemäß nicht experimentell ermittelt werden. Bei der Aufarbeitung der alten Brennstäbe wird wesentlich mehr radioaktives Material freigesetzt als beim Normalbetrieb eines Kernkraftwerks. Die bislang noch immer fehlenden Endlagerstätten sind deshalb so schwer einzurichten, weil sie radioaktive Abfälle über extrem lange Zeiträume sicher beherbergen müssen, ohne daß es zu Belastungen der Biosphäre oder des Grundwassers kommen darf. Für Plutonium, das eine physikalische Halbwertzeit von ca. 23000 Jahren besitzt, rechnet man mit Lagerungszeiten bis zu 500000 Jahren, für einige Uranisotope mit noch längeren Halbwertzeiten muß man entsprechend längere Lagerungszeiten einkalkulieren. Bei allen anderen radioaktiven Reststoffen, die sich in den Brennstäben gebildet haben, veranschlagt man Endlagerungszeiten von etwa 1000 Jahren, bis deren Radioaktivität auf diejenige natürlicher Pechblende abgeklungen ist. Solche langen Lagerungszeiten stellen die Menschen vor völlig neue Probleme, für die noch keinerlei Erfahrungen vorliegen. Die Bedeutung solcher Zeiträume wird durch einen Vergleich mit geschichtlichen Zeiträumen etwas besser verständlich. Vor knapp 1000 Jahren begann die Zeit der Frühromanik (um 1050). Seit jener Zeit bis zum heutigen Tage hätten die radioaktiven Reststoffe mit Ausnahme von Plutonium und Uranen sicher aufbewahrt werden müssen, trotz aller Kriegswirren und Naturkatastrophen, die sich seither ereignet haben. Noch sehr viel kritischer sieht es bei den langlebigen Radioisotopen aus. Vor etwa 20000 Jahren, das entspricht näherungsweise der einfachen physikalischen Halbwertzeit des Plutoniums, endete die letzte Vereisung Mitteleuropas, und vor 135000 Jahren begann die Mittlere Altsteinzeit. Diese Zeitspanne entspricht erst reichlich einem Viertel der erforderlichen Lagerungszeit von Plutonium. Die für einige Uranisotope erforderlichen Abklingzeiten reichen über die bisherige Entwicklungszeit der Gattung Homo weit hinaus. Solche Rückblicke verdeutlichen hinlänglich, daß sich der Jetztzeitmensch trotz seiner technischen Fähigkeiten mit der sicheren Endlagerung radioaktiver Abfälle sehr viel vorgenommen hat. Ein weiteres, ungeklärtes Problem stellen die Kernkraftwerke selber dar, die nach etwa 30 Jahren Betriebsdauer stillgelegt werden müssen. Wegen der verstrahlten Bausubstanz können sie nach der Stillegung keiner anderen Nutzung mehr zugeführt werden. Die ständig zunehmende Menge radioaktiver Abfälle müssen jedoch nicht nur wir selber, sondern ungezählte Generationen unserer Nachkommen verwalten und beaufsichtigen. Zu diesen höchst problematischen Abfällen gesellen sich noch die radioaktiven Materialien aus Kernwaffen. Damit hat die Umweltbelastung eine Dimension erreicht, die bis in eine nicht mehr terminierbare Zukunft reicht.

Verlassen wir die Radioaktivität und wenden wir uns einem anderen Prinzip der Gewinnung technisch nutzbarer Energie zu, wie etwa der Wasserkraft. Zur Nutzung dieser sich ständig regenerierenden

Energiequelle muß fließendes Wasser meist angestaut werden, damit man ein Wasserrad oder eine Turbine antreiben kann. Durch das Anstauen greift man jedoch in den Naturhaushalt der Gewässerlandschaft ein (Abschn. 6.2). Trotzdem bleibt die Wasserkraft eine relativ umweltverträgliche Form der Energienutzung, solange keine gigantischen Staudämme errichtet werden, wie etwa vom Format des Assuanstaudamms. Andere Nutzungsformen von Gewässern, wie z. B. die Gezeitenströme an einigen Küsten sowie die Nutzung der Temperaturdifferenz von Oberflächen- und Tiefenwasser einiger Meeresteile, sind bislang von untergeordneter Bedeutung geblieben.

Neben der Kraft fließenden Wassers versuchte der Mensch bereits seit langem, die Windkraft für sich arbeiten zu lassen. Schätzungsweise stehen weltweit etwa 100×10^{18} J/Jahr an nutzbarer Windkraft zur Verfügung, während das Gesamtwindangebot 1000 mal größer sein dürfte. Technisch läßt sich der Wind am besten in Küstengebieten und auf Bergen nutzen, weil in diesen Lagen mit der größten Stetigkeit des Windes zu rechnen ist. Gegenwärtig setzt man hauptsächlich Windkraftanlagen ein, bei denen ein zwei- oder dreiflügeliger Rotor über eine horizontal liegende Achse einen Elektrogenerator antreibt. Die Leistung solcher Anlagen liegt meist zwischen 10 und 600 kW. Ganz ohne Beeinträchtigung der Umgebung laufen auch solche Anlagen nicht. Fliegende Vögel können mit den Rotoren kollidieren, die Rotoren, besonders die zweiflügeligen, erzeugen Strömungsgeräusche, die in der Nähe der Anlagen als störend empfunden werden, und schließlich beeinträchtigen die Windkraftanlagen das Landschaftsbild. Gegenüber emissionsträchtigen Kraftwerken ist deren Belastungspotential gegenüber der Umwelt jedoch gering. Sicher ist eine völlige Umstellung der Stromerzeugung auf Windkraft nicht möglich, weil hierfür oftmals der Wind nicht genügend stetig weht, doch in windreichen Landschaften kann sie einen wichtigen Beitrag zur Energieversorgung leisten.

Neben der Verstromung sonnengetriebener Energieträger kann man auch aus der Sonnenenergie direkt Wärme oder elektrischen Strom gewinnen, in Form sog. solarthermischer und photoelektrischer Verfahren. Bei den solarthermischen Verfahren absorbieren geschwärzte Platten die Sonnenstrahlen, wobei sie sich erwärmen. Die Wärme wird an Wasser oder einen anderen, geeigneten Energieträger weitergegeben. Solche auf Hausdächern installierbare Kollektoren können sowohl zur Wohnraumheizung als auch zum Erwärmen von Brauchwasser verwendet werden. Während sonnenarmer Witterungsperioden muß allerdings eine Zusatzheizung arbeiten, die von anderen Energieträgern gespeist wird. Höhere Arbeitstemperaturen als mit Hilfe dieser einfachen Sonnenkollektoren erzielt man mit Hilfe von Spiegelflächen, die die Sonnenstrahlen auf Rohrleitungen oder im Extremfall auf einen Punkt fokussieren (Sonnenofen). Die so erreichbaren Temperaturen von mehreren hundert oder tausend Grad Celsius werden durch hohen technischen Aufwand erkauft, denn die Spiegel müssen tagsüber stets dem Sonnenstand nachgeführt werden. Für den allgemeinen Einsatz zur Wärmegewinnung eignen sie sich deshalb kaum. Dagegen steht für photoelektrische Verfahren (Photovoltaik) ein breites Anwendungsspektrum offen, zumal sie sich, ähnlich den Sonnenkollektoren, auf Hausdächern installieren lassen. Zur Herstellung von Solarzellen eignen sich vor allem Silicium und Galliumarsenid als Halbleitermaterial. Gegenwärtig verwendet man hauptsächlich Silicium in mono- oder polykristalliner Form. Auf eine dünne Halbleiterscheibe (ca. 0,2 mm) werden Fremdstoffe (z. B. Bor, Phosphor, Kupfer-Indium-Diselenid oder Zinkoxid) aufgedampft. Wenn die beschichteten Siliciumscheiben Lichtquanten absorbieren, dann werden Ladungsträger erzeugt, die durch den Schichtenaufbau der Zelle voneinander getrennt bleiben. Über einen Draht kann man den Stromkreis schließen und dadurch Gleichstrom gewinnen. Zur Einspeisung in das öffentliche Stromnetz muß der Gleichstrom allerdings zuvor in Wechselstrom umgewandelt werden. Der Wirkungsgrad der Solarzellen liegt bei etwa 13-15 %. Unter Laborbedingungen kann man ihn bis auf 30 % steigern. Das photovoltaisch nutzbare Srahlungspotential der Sonne schätzt man auf ungefähr 600×10^{18} J/Jahr, das ist mehr als das Doppelte der vom Menschen derzeit eingesetzten Primärenergie. Diese hoffnungsvollen Aspekte der photoelektrischen Energiegewinnung bekommen jedoch einen deutlichen Dämpfer durch den noch recht hohen Preis des Solarstroms von knapp 2,00 DM pro Kilowattstunde. Sofern bereits existierende Dächer zum Einbau von Photozellen verwendet werden, verhält sich die photoelektrische Energiegewinnung absolut umweltneutral d. h., es entstehen keinerlei Emissionen. Werden die Solarzellen nicht auf Dächern untergebracht, dann verbrauchen sie je nach Klimazone, in der sie stehen, eine Fläche von 35-80 m^2/kW, wobei diese Fläche nicht völlig einer anderen Nutzung entzogen werden muß. Beispielsweise ist noch eine extensive Landwirtschaft möglich.

Der Photovoltaik wirft man mitunter vor, daß die Herstellung der Siliciumkristalle viel Energie erfordert, die bisher noch aus Kohle freigesetzt wird, wobei Kohlendioxid, Stickoxide und Schwefeldioxid entstehen. Diesen Vorwurf muß man jedoch jedem Kraftwerk machen, auch den Wasserkraftwerken und den Kernkraftwerken, die große Mengen an Beton und Stahl benötigen, die ebenfalls unter Einsatz von Kohleenergie gewonnen werden. Die momentan noch erforderliche Kohle zur Herstellung von Siliciumkristallen kann später durch Energie aus bereits vorhandenen Solarzellen ersetzt werden. Das Strahlungspotential der Sonne, das über solarthermische und photoelektrische Verfahren ausgebeutet werden kann, sollte viel ausgiebiger verwendet werden als es bisher der Fall ist, zumal die Herstellungskosten solcher Anlagen in der Großserienproduktion sinken würden.

Im Zusammenhang mit der Sonnenenergienutzung muß auf die Wasserstoffherstellung mit Hilfe von Sonnenstrahlen hingewiesen werden. Prinzipiell ist es technisch möglich, Wasser mit Hilfe von Sonnenlicht zu spalten, um auf diese Weise Wasserstoff zu gewinnen, vergleichbar der Photosynthese grüner Pflanzen. Eine großtechnische Wasserstoffgewinnung ist heute allerdings noch nicht preisgünstig möglich. Die Verwendung von Wasserstoff als Brennstoff muß jedoch keineswegs automatisch umweltfreundlich sein, obwohl bei der Verbrennung von Wasserstoff Wasserdampf gebildet wird, der nur, wenn er stratosphärennah in großer Menge ausgestoßen wird (Flugzeuge), als Treibhausgas wirkt (Abschn. 7.4.2). Wasserstoff verbrennt mit sehr heißer Flamme von 1100-1200 °C, wobei Stickoxide entstehen. Die Abgase wasserstoffgespeister Brenner müßten deshalb einer Abgasreinigung mittels Platinkatalysator unterzogen werden. Allerdings kann die Oxidation von Wasserstoff so gesteuert werden, daß dieser Vorgang bei Temperaturen von weniger als 1000 °C abläuft, um die Stickoxidbildung gering zu halten. Theoretisch die günstigste Möglichkeit einer solchen kontrollierten Oxidation bieten sog. Brennstoffzellen, in denen Elektronen vom Wasserstoff zum Sauerstoff fließen, die man über einen Draht als

elektrischen Strom nutzen kann. Die bei diesem Elektronenfluß
entstehenden Ionen von Wasserstoff und Sauerstoff können dann ohne
starke Erwärmung miteinander zu Wasser reagieren, und eine
Stickoxidbildung wird völlig umgangen. Brennstoffzellen bereiten
jedoch nach wie vor technische Probleme, vor allem die Trennung von
Wasserstoff und Sauerstoff durch einen geeigneten Elektrolyten sowie
der Einsatz eines voll befriedigenden Katalysators, auch wenn beide
Probleme zumindest prinzipiell bereits gelöst werden konnten.

7.4.5 Energiesparen als Umweltschutzmaßnahme

Der kurze Überblick über verschiedene Energiegewinnungsmethoden
hat deutlich werden lassen, daß noch kein Verfahren existiert, das
ganz ohne Umweltbelastungen arbeitet. Der alte Menschheitstraum,
Energie in Hülle und Fülle erzeugen zu können, um sich ihrer nach
Belieben zu bedienen, zerrinnt noch immer zu einer Utopie, zumal
technisch gar nicht so viel Energie freigesetzt werden darf, daß
dadurch das globale Klimageschehen beeinflußt werden kann. Uns
bleibt deshalb keine andere Wahl, als mit Energie hauszuhalten, und je
mehr die von uns eingesetzten Energiegewinnungsverfahren die
Umwelt belasten, desto sparsamer müßte man mit der so gewonnenen
Energie umgehen. Aber wo sollen wir Energie einsparen, wo wir uns
doch in einer Klimazone befinden, in der wir ohne Heizung kaum
leben können, und wo wir zu einem hoch technisierten Gebiet der
Erde gehören, in dem ohne erheblichen Energieeinsatz unsere Lebens-
und Wirtschaftsstruktur weitgehend zusammenbrechen würde. Ein
wichtiger Ansatzpunkt zum Aufspüren von Sparmöglichkeiten besteht
darin, unsere Lebens- und Arbeitsgewohnheiten nach Luxusverbrauch
von Energie zu durchforsten. Beispielsweise leisten wir uns heute eine
Anzahl von Geräten mit Bereitschaftsschaltung ("stand by"), die 24
Std. am Tag Strom verbrauchen, obwohl wir das Gerät höchstens
wenige Stunden lang wirklich benutzen. Bei einem nicht ungewöhnlich sorgfältig konzipierten Ruhestromverbrauch kann dieser
ebenso groß sein wie der Nutzstromverbrauch oder sogar höher.
Weiterhin ist es der Überlegung wert, ob man Reklamebeleuchtungen
in jeder beliebigen Menge und ohne zeitliche Begrenzung unbedingt
brennen lassen muß. Bei der Wohnraumheizung sind noch längst nicht

alle Möglichkeiten des Energiesparens ausgenutzt, wie Wärmeisolation der Wände, gegebenenfalls Verkleinerung von Fensterflächen, Einsatz dreifach verglaster Fenster, Einbau von energiesparenden Heizkesseln und Brennern, Umstellung der Heizung auf Niederenergiebetrieb und Umstellung der Kraftwerke auf Kraft-Wärmekoppelung, womit sich deren Gesamtwirkungsgrad mehr als verdoppeln würde. Ein weiteres, wichtiges Einsparungspotential bietet der Straßenverkehr, der in Abschn. 9 genauer besprochen wird. Allein die wenigen, hier aufgezählten Beispiele könnten zum Energiesparen beitragen, ohne unseren Lebensstandard ernsthaft zu senken.

Ein ganz anderes Problem stellen Fabrikationsprozesse dar, bei denen Automatisierungen nicht zuletzt wegen der niedrigen Energiepreise so wirtschaftlich sind. Mit dem erhöhten Energieeinsatz für die Automatisierung wird gleichzeitig menschliche Arbeitskraft überflüssig, ein Prozeß, der keineswegs für alle Menschen eine Steigerung der Lebensqualität bedeutet. Auch im Wechselspiel von Menschen als Arbeitskraft und dem Einsatz von diversen, technisch nutzbaren Energieträgern sollte der Verbrauch künstlich freigesetzter Energie überdacht werden. Schließlich stellt sich uns die Frage nach dem Preis technisch gewonnener Energie. Stets wird behauptet, der Preis für die vom Menschen freigesetzte Energie sei ein marktwirtschaftlicher Preis, der sich einerseits an den Gestehungskosten und andererseits an den Absatzmöglichkeiten orientiert. Doch diese Behauptung ist nur bei sehr oberflächlicher Betrachtung haltbar. Tatsächlich deklariert man als Gestehungs- oder Herstellungskosten nur das, was an Maschinen, Energie und Lohnkosten eingesetzt werden muß, um eine Energiequelle zu erschließen. Unberücksichtigt bleibt bei dieser anthropozentrischen Art der Preiskalkulation die Tatsache, daß man bei der Nutzung natürlicher Ressourcen zur Energiegewinnung Eingriffe in den Naturhaushalt vornimmt. Da der Naturhaushalt bislang durch keinen Manager verwaltet und vermarktet wird, ist ein kostenloser Raubbau möglich, etwa so, wie früher die natürlichen Ressourcen der sog. Kolonien durch Industrienationen ausgebeutet wurden, weil niemand diesen Raubbau kontrollierte und marktgerecht für die Inhaber managte. Was den Raubbau für die Energiegewinnung angeht, so gehört dazu sowohl der Bergbau, d. h. die Förderung von Kohle, Erdöl, Erdgas und Natururan, als auch die die Natur schädigenden Abfälle und Folgelasten, worunter Abgase, radioaktive Abfälle, Landschaftsverbrauch durch Bergwerke und deren Abraumhalden, Wasser- und Bodenbelastung durch Öl, Geräuscherzeugung durch Windräder und Landschaftsbeeinträchtigungen durch die Kraftwerke selber zu verstehen sind. Die damit verbundenen Eingriffe in den Naturhaushalt lassen sich einerseits kaum exakt monetarisieren, zum anderen existiert keine Institution, die diese Schäden auflistet und reklamiert (Abschn. 10). Nur deshalb können Energiepreise so günstig ausfallen, wie es derzeit der Fall ist. Leidtragende dieses Verhaltens von Energieerzeugern und Energieverbrauchern sind nicht nur die heute lebende Tier- und Pflanzenwelt, es gehören dazu auch die Nachkommen der heute lebenden Menschen, die künftig in einem immer stärker eingeengten Naturpotential leben müssen, weil wir heute noch immer dem archaischen Prinzip frönen, daß die Natur ein freies Gut darstellt, das jedermann fast uneingeschränkt nutzen kann. Dieses Prinzip mochte Gültigkeit haben, als die Erdenbevölkerung nur wenige Millionen Menschen zählte. In einer Zeit der überlogarithmischen Vermehrung der Menschen (Abschn. 2.1) muß diese Verhaltensmaxime in absehbarer Zeit zum Kollaps der Naturressourcen führen, wie man unschwer hochrechnen kann.

Diese wenigen Andeutungen, die man noch viel breiter ausführen könnte, zeigen, mit welch unrealistischen Preisen wir arbeiten, und wie wir uns bedenkenlos der Ressourcen kommender Generationen bemächtigen, die sich bei uns noch nicht darüber beschweren können.

8 Die Konsum- und Wegwerfgesellschaft

Der Kostenfaktor stellt nur eine Seite des Problems der Energiegewinnung dar. Eine andere Seite ergibt sich aus der Industrialisierung. Immer mehr Industrieprodukte müssen geschaffen werden, damit die Menschen angesichts der hochintensivierten Landwirtschaft noch einem Broterwerb nachgehen können. Die Faustregel, daß eine gesteigerte Produktivität mehr Arbeitsplätze für die Bevölkerung schafft, funktionierte zumindest in der Vergangenheit.

8.1 Kurzlebigkeit der Konsumartikel

Damit dieses System wirksam werden konnte, bediente man sich zweier Strategien. Man muß Wünsche wecken, um neue Produkte verkaufen zu können, und man muß dafür sorgen, daß Gebrauchsartikel nicht zu lange gebrauchsfähig bleiben, weil sie zu langsam verschleißen oder immer wieder repariert werden können. In beiden Fällen helfen Werbefachleute und Marktforscher weiter, die vor allem Wünsche, Stimmungen und Kaufkraft der Menschen untersuchen und für ihre Zwecke nutzen. Erleichtert wird die Schaffung neuer Produkte dadurch, daß man immer wieder technische Neuerungen einbaut, die den Wunschvorstellungen der Verbraucher entgegenkommen. Die Veränderungen der Gebrauchsartikel müssen jedoch nicht unbedingt nutzungsorientiert zu sein. Kurzlebigkeit von Gebrauchsartikeln kann man unabhängig von deren Gebrauchsfähigkeit und von deren Lebensdauer auch erzielen, wenn man sie einer ständig wechselnden Mode unterwirft. Da sich von Natur aus der Zeitgeschmack nicht schnell genug ändert, muß man mit Hilfe von Designern und einem allgegenwärtigen Informationssystem die künstlich geschaffenen Änderungen des Zeitgeschmacks den Menschen unablässig vor Augen führen und ihnen suggerieren, daß sie nur dann auf der Höhe der Zeit sind und als vollwertiges Mitglied der Gesellschaft gelten, wenn sie mit der Mode stets mitgehen. Modeorientierte Aufmachungen haben sich nicht nur für Textilien bewährt, sondern ebenso für Möbel, Schmuck, Kraftfahrzeuge, Fernsehgeräte, Stereoanlagen, Telephone und vieles andere mehr.

Schließlich bildet bei vielen Gebrauchsgegenständen und Nahrungsmitteln die Verpackung einen Teil der Verkaufsstrategie, und deshalb fällt die Verpackung mitunter voluminöser und attraktiver aus, als die verpackte Ware selber, wie man es von Pralinen, Kosmetika und anderen Luxusartikeln kennt. Neben dieser Form der "Schau"-Verpackungen ist die Gepflogenheit bekannt, Waren in kleinsten Portionen für Selbstbedienungsläden zu verpacken, um Verkaufspersonal einzusparen, das andernfalls die Portionierung durchführen müßte, wie etwa bei Schrauben, Bilderhaken, Joghurt und einer Unzahl anderer Produkte. Die Portionierung wird z. T. auch durchgeführt, ohne daß dafür ein echter Bedarf vorliegt, wie etwa bei der Vereinzelung von Tabletten und Dragees in Blisterpackungen, die durch ihren festen Verbund von Aluminiumfolie und Kunststoff außerdem einen Problemabfall darstellen. Alle diese Strategien zur Anregung industrieller Produktivität haben jedoch die erhoffte Schaffung oder auch nur die Sicherung von Arbeitsplätzen nicht beschert, vielmehr geht mit der Produktivitätssteigerung in immer rascherer Folge eine Automatisierung der Herstellungsprozesse und eine Schrumpfung der Zahl der Arbeitsplätze einher. Letztlich verbleibt der Allgemeinheit von den modernen Formen der Produktivitätssteigerung nur ein erhöhter Verbrauch von Energie, von Rohstoffen und eine wachsende Lawine von ausgedienten, kurzlebigen und schwer zu entsorgenden Verbrauchsgütern.

8.2 Konsumartikel und Abfallentstehung

Das Abfallaufkommen hat zwar in Deutschland seit dem Ende der 80er Jahre praktisch nicht mehr zugenommen, es hat sich aber auf einem viel zu hohen Niveau von etwa 333 Mio. t pro Jahr eingependelt. Von dieser Menge entfallen etwa 40 % auf Abfälle aus Industrie und Baugewerbe und 60 % auf kommunale Abfälle. Abfälle belasten die Umwelt u. a. durch ihr großes Volumen, das im Laufe der Jahre immer mehr Deponieplätze verschlingt. Je nach Art der Abfälle kann 1 t unbehandelter Hausmüll einen Raum von etwa 3-5 m^3 einnehmen (Sperrmüll). Erst nach dem Einbau in eine Deponie und der damit verbundenen Verdichtung schrumpft dessen Raumanspruch auf etwa 1 m^3/t.

Zum Landschaftsverbrauch gesellt sich noch ein hygienisches Problem, denn die Siedlungsabfälle enthalten bis zu 50 % organische Reststoffe, die einerseits als Nahrungsquelle von Vögeln, Mäusen, Ratten und Fliegen genutzt werden, andererseits führt der bakterielle Abbau organischen Stoffe zur Erwärmung der Abfälle bis hin zu Schwelbränden, die Abgase unterschiedlichster Zusammensetzung entstehen lassen. Obwohl diese Abgase Giftstoffe enthalten können, wird das erhöhte Temperaturniveau einer Abfalldeponie von verschiedenen Tierarten genutzt, um dort den Winter besser zu überstehen und um die Fortpflanzungsphase weiter in das Frühjahr

und in den Herbst ausweiten zu können, als es im Freiland möglich
wäre. Mit den Hausabfällen ins Freie gelangende, humanpathogene
Bakterien können durch diejenigen Tiere verbreitet werden, die
Abfalldeponien als Nahrungsquelle und Wärmeinsel nutzen.
Angesichts der Abfallflut in unserer Zeit, die Landschaftsverbrauch
und hygienische Probleme gleichermaßen mit sich bringen, muß man
sich zunächst fragen, wie man die Abfälle möglichst umweltschonend
beseitigen kann.

8.2.1 Abfallbeseitigungsverfahren

In erster Linie bieten sich dafür die bekannten Verfahren an, wie
geordnete Deponie, Verbrennung, Kompostierung und Wiedergewin-
nung nutzbarer Rohstoffe (Recycling). Das noch immer kosten-
günstigste Verfahren stellt die geordnete Deponie dar. Der
Deponieplatz wird gegen den Untergrund so gut wie möglich
abgedichtet, indem man auf eine Lehmschicht eine Kiesschicht, eine
Kunststoffolie und darauf wieder eine Kiesschicht als Filter- und
Dränschicht aufträgt. In die Dränschicht über der Kunststoffolie
werden Entwässerungsrohre gelegt, die später Sickerwässer aus dem
Abfall aufnehmen sollen, der auf der Filterschicht abgelagert wird.
Man schichtet die Abfälle in Lagen von ca. 30-50 cm Mächtigkeit auf
und vermindert deren Volumen mittels eines Planierfahrzeugs (Müll-
verdichter). Die Abfallschicht wird mit Bauschutt oder Schlacke
abgedeckt, um eine zu starke Selbsterwärmung und Gasbildung der
Abfälle zu vermeiden. Darauf folgt erneut eine Schicht von Abfällen
usw. Nach Abschluß der schichtweisen Deponierung deckt man die
Halde zunächst mit Lehm und dann mit Mutterboden ab, um sie
anschließend mit flach wurzelnden, unempfindlichen Pflanzen
begrünen zu können. Abgeschlossene Deponien müssen gegebenenfalls noch über Jahrzehnte hinweg durch Rohre entgast werden, die
man schon während der Aufschichtungsarbeiten in die Halde einsetzt.
Da die Hauptbestandteile des Deponiegases Methan und Kohlendioxid
sind, tragen auch sie zum Treibhauseffekt bei (Abschn. 7.4.2). An
dieser Form der Luftbelastung ändert sich prinzipiell nichts, wenn
man die Deponiegase verbrennt, denn dabei entsteht aus Methan

zusätzliches Kohlendioxid. Die am Grund der Deponie aufgefangenen
Sickerwässer werden einer biologischen Klärung unterzogen. Schwermetalle werden mit Hilfe von Kalkmilch und Eisenverbindungen
ausgefällt, organische Giftstoffe können häufig an Aktivkohlefilter
gebunden werden. Erleiden Kuststoffabdichtung und die darunter
befindliche Lehmschicht im Laufe der Zeit Risse, dann können trotz
aller Sicherungsmaßnahmen Schadstoffe in den Untergund eindringen.

Abfalldeponien sind bei der Bevölkerung inzwischen recht
unbeliebt, weil sie häufig eine Ansammlung von Schadstoffen
darstellen, weil sie während der Aufschichtungsarbeiten eine ständige
Geruchsbelästigung für die Umgebung darstellen, weil sie ein
hygienisches Problem bilden und weil sie Landschaft verbrauchen.
Deshalb sträuben sich immer mehr Gemeinden dagegen, Grund und
Boden für die Errichtung neuer Abfalldeponien zur Verfügung zu
stellen.

Weitaus naturschonender verhält sich das Verfahren der Abfallkompostierung, bei dem man die Abfälle aus natürlichen, organischen
Stoffen einem mikrobiellen Abbau unter Luftzutritt unterwirft d. h.,
sie werden veratmet, wobei die Kohlenstoffverbindungen Kohlendioxid und Wasser bilden, während andere Elemente mineralisiert
werden, so daß aus Schwefelverbindungen Sulfat, aus Stickstoffverbindungen Nitrat gebildet wird usw. Geruchsbelästigungen treten bei
dieser Art der Abfallbeseitigung kaum auf. Die nach der Kompostierung verbleibenden, schwer abbaubaren, organischen Verbindungen bilden ein humusartiges Substrat, das man als Bodenverbesserungsmittel einsetzen kann. Wenn die Abfallkompostierung
trotz ihrer unbestreitbaren Vorzüge nur begrenzt eingesetzt wird, dann
hat das mehrere Ursachen. Einerseits müssen alle nicht kompo-
stierbaren Bestandteile aussortiert und anderweitig beseitigt werden.
Andererseits gelangen bei der Abfallsammlung zu oft Stoffe in das
Kompostiergut, die die Anwendungsmöglichkeiten des Endprodukts
einschränken. Zu diesen unerwünschten Stoffen gehören Metalle,
diverse Salze, Papier- und Holzbegleitstoffe sowie Inhaltstoffe des
Klärschlamms, der den zu kompostierenden Abfällen meist zugesetzt
wird, um den Stickstoffgehalt anzuheben, damit eine ausreichende
Vermehrung der Mikroorganismen im Rottegut möglich ist. Leider
kann Müllkompost nicht als völlig universelles Bodenverbesserungsmittel verwendet werden, auch wenn er keine typischen Gift-

stoffe enthält. Salzempfindliche und säureliebende Pflanzen, wie Coniferen, Rhododendren und Heidekraut, aber auch Beerensträucher und diverse Gemüsepflanzen, wie Salat, Karotten und Bohnen, reagieren empfindlich gegenüber diesem Substrat. Dagegen haben sich Obstbäume, Weinstöcke und Kohlarten als recht abfallverträglich erwiesen. Ähnlich wie Klärschlamm verbessert der Abfallkompost die Bodenstruktur, indem er kleine mineralische Partikel zu gröberen Aggregaten (= Krümelstruktur) verklebt, und durch die Anreicherung des Bodens mit humusähnlichen Stoffen, die sich durch ein hohes Adsorptionsvermögen auszeichnen. Kompost aus Abfällen wird deshalb im Obst- und Weinbau, besonders in erosionsgefährdeten Hanglagen, verwendet, aber auch im Landschaftsgartenbau. Ein Nachteil der sog. Biomüllsammlung darf jedoch nicht verschwiegen werden. Besonders während der warmen Jahreszeit vermodern die Abfälle bereits in der Mülltonne und bilden eine ständige Quelle der Geruchsbelästigung, und außerdem entwickeln sich im sommerlich warmen Biomüll große Mengen von Maden (Fliegenlarven), so daß bereits Spraydosen in den Handel gebracht wurden, um die Madenentwicklung in Mülltonnen zu unterdrücken. Somit stellt sich die Biomüllsammlung speziell im Sommer als ein in hygienischer Sicht bedenkliches Verfahren dar. Wann immer sich die Möglichkeit dazu bietet, sollten Küchenabfälle deshalb im eigenen Garten kompostiert werden. Ein weiteres Problem der Abfallkompostierung besteht darin, daß bei der Abfallsammlung nicht immer sorgfältig genug Schadstoffe ferngehalten werden, so daß auch der daraus hergestellte, giftstoffhaltige Kompost nicht mehr im Nutzpflanzenbau eingesetzt werden kann.

Das heute am stärksten favorisierte Abfallbeseitigungsverfahren stellt die Verbrennung dar, weil sie das Abfallvolumen um 80-95 % vermindert, je nachdem, ob die Verbrennung bei 900-1000 °C oder bei mehr als 1200 °C durchgeführt wird. Die vorgetrockneten Abfälle werden entweder insgesamt, oder nach dem Aussortieren bestimmter Rohstoffklassen, langsam der Zone größter Hitze zugeführt, so daß zunächst eine Entgasung stattfindet und schließlich alle brennbaren Komponenten verbrannt werden. Nicht brennbare Bestandteile schmelzen, zumindest bei einer Hochtemperaturverbrennung, womit deren Volumen ebenfalls erheblich schrumpft. Bei der Verbrennung wird stets mehr Wärmeenergie freigesetzt, als man über den Brenner zuführen muß. Die Wärmeenergie nutzt man zur Verstromung oder als Fernwärme. Wie ist es angesichts dieser Vorteile möglich, daß sich in weiten Kreisen der Bevölkerung trotzdem Widerstand gegen Abfallverbrennungsanlagen regt? In erster Linie stützt sich die Kritik an der Abfallverbrennung auf die dabei freigesetzten Abgase und Stäube. Die Stäube enthalten Metalle, auch Schwermetalle, meist in Form von Oxiden. Quecksilber verläßt allerdings die Verbrennungsanlage hauptsächlich gasförmig. Die Abgase enthalten auch Halogene, vor allem Chlor und Brom. Chlor ist beispielsweise im Polyvinylchlorid (PVC) enthalten, Brom in vielen Flammschutzmitteln.

Doch nicht nur die Erscheinung, daß viele gesundheitsgefährdende Begleitstoffe der Abfallkomponenten im Abgas freigesetzt werden, beunruhigt die in der Nähe einer Abfallverbrennungsanlage wohnenden Menschen, sondern auch die Eigenschaft, sich wie ein Reaktionsgemisch zu verhalten, in dem neue Stoffe gebildet werden, so z. B. chlorierte Dibenzodioxine (Dioxine) und Dibenzofurane, aber auch Benzo(a)pyren und viele andere Stoffe. Besonders die Dioxine und vor allem das 2,3,7,8-Tetrachlordibenzodioxin (TCDD) wirkt auf den Menschen extrem giftig. Man spricht sogar von der giftigsten, künstlich entstandenen Substanz, die man kennt. Die Schadwirkungen von TCDD umfassen schwer heilende Hautausschläge (Chlorakne), Haarausfall, Gewichtsverlust, Veränderungen des Blutbildes, Hemmung des Immunsystems und Leberfunktionsstörungen. Außerdem fördert es die Krebsentstehung, wobei offenbleiben soll, ob es cancerogen oder cocancerogen wirkt, sowie Mißbildungen an ungeborenen Säuglingen (= teratogen). Auch Gesundheitsschäden, die nicht zur Krebsbildung führen, erweisen sich als äußerst langwierig und sehr schwer oder gar nicht heilbar. Deshalb hat man die noch duldbare tägliche Aufnahme von TCDD auf 1 µg/kg Körpergewicht festgelegt. Für andere Dibenzodioxine und Dibenzofurane hat man sog. Toxizitätsäquivalente bestimmt (TEQ), die deren Toxizität in Bezug zur Leitsubstanz TCDD angeben. Für diese Stoffe gilt dann der Grenzwert 1 µg (TEQ)/kg Körpergewicht. Ob diese Grenzwerte über längere Zeiträume hinweg einen ausreichenden Schutz der Menschen gewährleisten können, sei dahingestellt.

Diese zweifellos hochgiftigen Komponenten versucht man natürlich aus den Abgasen zu entfernen. Zunächst wird mittels eines

Elektroabscheiders der Flugstaub zu etwa 99 % entfernt, wobei auch die meisten, im Flugstaub enthaltenen Schwermetalle beseitigt werden. Nicht zuletzt wegen seines Schwermetallgehalts muß der Flugstaub als Sondermüll in eigens dafür geschaffenen, besonders gut abgedichteten, Deponien abgelagert werden. Saure Abgase, wie Halogenwasserstoffe und Schwefeldioxid, können mittels eines Gaswäschers zu 90-95 % ausgeschieden werden, wenn man Kalkmilch als Waschmittel verwendet. Schwieriger gestaltet sich die Beseitigung der Dioxine und Furane, die sich erst beim Abkühlen der Abgase im Beisein von Kupferspuren (z. B. aus Kabelresten) als Katalysator und von Chlor bilden. Man muß deshalb versuchen, Kupfer möglichst gründlich aus dem Abgas zu beseitigen und vor allem den kritischen Temperaturbereich für die Dioxinbildung zwischen 300 und 600 °C durch Schockkühlung schnellstmöglich zu durchschreiten. Durch diese und weitere Reinigungsschritte kann man die Schadstofflast der Abgase weitgehend, wenngleich nicht vollständig, beseitigen. Je gründlicher man die Abgase reinigt, desto teurer gestaltet sich die Abfallverbrennung, und man muß zusätzlich Energie investieren, so daß damit der Energiegewinn einer Abfallverbrennungsanlage in einer Gesamtbilanz bescheidener ausfällt. Außerdem kann jeder neu auf den Markt kommende, schwer zu beseitigende Werkstoff gegebenenfalls eine zusätzliche Abgasreinigungsstufe erforderlich machen, so daß die Abgasreinigung der Abfallproduktion stets hinterherläuft.

Das heute noch so vehement vertretene Konzept der Abfallverbrennung stellt, abgesehen von den damit verbundenen Umweltbelastungen, bei näherer Betrachtung wiederum nur ein vorübergehend wirksames Konzept gegen die Abfallflut unserer Tage dar, wie folgende Überlegung zeigen soll: Gehen wir davon aus, daß bei ausschließlicher Deponie unserer Abfälle deren Volumen auf 70 % ihres Ausgangsvolumens reduziert werden und daß unter diesen Bedingungen die verfügbaren Deponieplätze in 20 Jahren erschöpft sind. Würde man nun alle Abfälle verbrennen und dadurch deren Volumen auf 10 % vermindern, dann könnte man die Abfallentsorgung siebenmal so lange fortführen wie bei ausschließlicher Deponie, nämlich 140 Jahre lang. Von einer dauerhaften Lösung des Abfallproblems könnte man noch immer nicht sprechen, wir hätten lediglich wieder einmal die Lösung eines Umweltproblems, das wir geschaffen haben, und das wir selber beseitigen sollten, unseren

Kindern oder Enkeln zugeschoben. Außerdem würde sich bei einer momentanen Entspannung der Abfallbeseitigungsprobleme vermutlich niemand mehr darum bemühen, die gegenwärtig praktizierte Abfallproduktion einzudämmen. Das Abfallproblem müßte sich dann in einer Zukunft, die wir selber nicht mehr miterleben, verschärfen.

8.2.2 Wiederverwertung von Abfällen und der "grüne Punkt"

Wenn für jede der üblichen Abfallentsorgungsmaßnahmen Nachteile in den Vordergrund geschoben wurden, was ist dann zu tun, um des Abfallproblems dauerhaft Herr zu werden? Kann die Wiederverwertung von Altwaren die ersehnte, dauerhafte Entlastung bringen, wie es die Aktion "grüner Punkt" verspricht?

In der Tat kann Altglas, wenn es sorgfältig nach Farben sortiert gesammelt wird, ebenso gut zu neuen Gläsern verarbeitet werden, wie frischer Quarzsand, ohne daß ein erhöhter Energieeinsatz nötig wird. Damit ist ein echter Stoffkreislauf ohne erhöhten Energieverbrauch möglich. Ähnlich wie Glas verhält sich Aluminium im Wiederverwertungskreislauf, wenn man es in reiner Form als Altaluminium sammeln kann. Reines Altaluminium erzielt deshalb auf dem Altwarenmarkt relativ hohe Preise. Schwierig wird die Situation nur dann, wenn Aluminium fest mit anderen Werkstoffen verbunden ist, wie beispielsweise mit Kunststoffen und Lacken.

Auch Alteisen kann zur Eisengewinnung wieder verwendet werden, aber man kann Alteisen stets nur zu einem bestimmten Prozentsatz dem aus Erzen gewonnenen Eisen zusetzen, um bestimmte Eisen- oder Stahlqualitäten zu erzielen. Eisen wird nicht als Reinsubstanz technisch weiterverarbeitet, wie es bei Aluminium häufig der Fall ist, vielmehr kann man die Eigenschaften von Eisen mittels Beimengungen von Kohlenstoff, Phosphaten und diversen Metallen den verschiedenen, technischen Anforderungen anpassen. Alteisen setzt sich deshalb aus den unterschiedlichsten Qualitätsklassen zusammen, und deshalb kann man von diesem Mischprodukt nur kleine Mengen bei der Stahlerzeugung zusetzen.

Bei Papier ist die Wiederverwertbarkeit ebenfalls begrenzt, wenn auch aus anderen Gründen, als es beim Eisen der Fall ist. Papier besteht aus langen Cellulosefasern, die in niedermolekulare Füllmaterialien eingebettet sind. Bei der Wiederverwertung von Altpapier wird dieses zunächst zerschnitzelt, wobei die langen, die Reißfestigkeit des Papiers prägenden Fasern ebenfalls zerstückelt werden. Das aus den Papierschnitzeln hergestellte Papier muß also eine geringere Festigkeit besitzen als frisches Papier. Dazu kommt, daß Papier häufig bedruckt oder beschriftet ist, und die dazu verwendeten Farbstoffe bei der Wiederaufbereitung meist nicht völlig gebleicht werden können, so daß das Wiederaufarbeitungsprodukt meist leicht grau erscheint. Bei jedem Rezyklisierungsvorgang nimmt also die Papierqualität hinsichtlich Farbe und Reißfestigkeit ab, und man diskutiert deshalb die Frage, ob man Papier nicht besser in den Hausabfällen belassen sollte, um deren Brennwert zu erhöhen, was die Abfallverbrennung effektiver gestalten würde.

Noch schwieriger sieht die Situation im Bereich der Kunststoffe aus. Bei einer Wiederverwertung müssen Kunststoffe erwärmt werden, wobei verschiedene chemische Umlagerungen der Kunststoffmoleküle unvermeidlich sind d. h., es kommt gelegentlich zu Brüchen der Kettenmoleküle, mitunter werden Kohlenstoff und andere Bestandteile der Kunststoffe freigesetzt. Die ursprüngliche Qualität dieser Stoffe wird also stets beeinträchtigt, und deshalb können sie im günstigsten Fall etwa viermal rezyklisiert werden, ehe sich die Moleküle so stark verändert haben, daß man das Material anderweitig beseitigen muß d. h. in der Regel verbrennen. Eine weitere Einschränkung der Wiederverwendbarkeit von Kunststoffen besteht darin, daß sie möglichst sortenrein gesammelt werden müssen, um daraus nochmals qualitativ befriedigende Gebrauchsartikel herstellen zu können. Deshalb sollen beispielsweise in Kraftfahrzeugen Kunststoffbauteile mit Typennummern versehen, leicht demontierbar eingebaut werden, um bei der Wiederverwertung von Autowracks sortenreine Kunststoffe zurückgewinnen zu können. Nicht sortenrein gesammelte Kunststoffe kann man lediglich granulieren und zu minderwertigen Teilen pressen, wie etwa Gartenbänke, die nach dem Verschleiß endgültig entsorgt werden müssen.

Erschwerend im Bereich der Kunststoffe kommt hinzu, daß keineswegs alle Kunststoffsorten wiederverwertbar sind, sondern lediglich die sog. Thermoplaste, die bei erhöhter Temperatur plastisch verformt werden können, wie PVC, Polyethylen, Polystyrol, Polycarbonat und andere mehr. Dagegen lassen sich die sog.

Elastomeren mit untereinander vernetzten Molekülketten, wie z. B. Polybutadien, kaum wiederverwerten. Man kann sie höchstens zerschnitzeln, um daraus elastische Matten oder Fußbodenbeläge herzustellen. Ganz ähnlich verhält es sich mit den Duroplasten, bei denen die Kettenmoleküle wesentlich engermaschig vernetzt sind als bei den Elastomeren. Zu den Duroplasten gehören u. a. Phenolharze und Polyurethan, wie sie im Kraftfahrzeugbau und für andere Produkte eingesetzt werden.

Besonders schwierig gestaltet sich eine Rezyklisierung, wenn Verbundstoffe unbrauchbar geworden sind, wie etwa Blisterpackungen für Tabletten, bei denen eine Metallfolie mit Kunststoff zusammengepreßt wurde. Zu den Verbundstoffen gehören auch Getränkeverpackungen (Tetra Pack), die aus Pappe, Kunststoff- und Metallfolie bestehen. Zwar lassen sich theoretisch die verschiedenen Materialien wieder voneinander trennen, doch gelingt diese Trennung in der Praxis zu unvollständig, als daß sich daraus wieder hochwertige Produkte herstellen ließen. Trotzdem werden solche Produkte weiterhin verkauft, weil sie mit dem grünen Punkt des Dualen Systems versehen sind und damit eine umweltverträgliche Wiederverwertung suggerieren. Doch bei diesem System liegen Altwarensammlung und Wiederverwertung in verschiedenen Händen, wodurch eine Kontrolle der Wiederaufarbeitung erschwert wird, und für die Wiederaufarbeitung der verschiedenen Sorten von Reststoffen wurden vom Gesetzgeber Quoten festgesetzt, die durchweg erheblich unter 100 % liegen. Dazu kommt, daß die Rezyklisierbarkeit vieler Altstoffe, wie bereits erwähnt, sehr begrenzt ist, was bei der Werbung für das Duale System stets verschwiegen wird. Der Verbraucher wird somit in die Scheinwelt eines funktionierenden Stoffkreislaufes versetzt, und er ahnt nicht, daß selbst in den Fällen, in denen eine Wiederaufarbeitung stattfindet, nach einigen Rezyklisierungsumläufen endgültig nicht mehr verwendbare Altstoffe anfallen d. h., wir schieben mit der Wiederverwertung eine Abfallawiene vor uns her, die unsere Nachkommen endgültig zu entsorgen haben. Schon heute wandern viele "gelbe Säcke" des Dualen Systems in Hochofenanlagen oder sie werden in das Ausland transportiert. Alle nicht rezyklisierbaren Abfälle, der sog. Restmüll, muß nach wie vor deponiert oder verbrannt werden.

Ein besonders brisantes Problem stellen nicht mehr verwertbare chlororganische Verbindungen dar. Solche Stoffe erweisen sich zumindest zum Teil als recht beständig, und weil sie mehr oder minder gut fettlöslich sind, werden sie verhältnismäßig gut von Lebewesen resorbiert und können sich somit in Nahrungsketten (Abschn. 5.1) anreichern. Flüchtige chlororganische Verbindungen können mit dem Regenwasser in den Boden eingespült werden und das Grundwasser belasten. Grundwasserbelastungen wurden auch durch alte, unzureichend abgedichtete Chemieabfalldeponien herbeigeführt. Im Boden wandernde Abfallstoffe erreichen mitunter erst nach Jahrzehnten das Grundwasser. Diese langen Wanderungszeiten lassen auch Jahrzehnte alte Chemieabfälle noch immer zu einer akuten Gefährdung des Grundwassers werden. Mit Chlorkohlenwasserstoffen belastetes Grundwasser versucht man auf unterschiedlichen Wegen zu reinigen. Leicht flüchtige Verbindungen kann man durch einblasen von Luft aus dem Wasser austreiben (strippen). Die Abluft muß man durch ein Aktivkohlefilter schicken, das die chlororganischen Verbindungen festhält. Mit schwerflüchtigen Chlorkohlenwasserstoffen belastetes Grundwasser muß man mittels eines Aktivkohlefilters reinigen. In der Natur erweisen sich Chlorkohlenwasserstoffe meist als recht widerstandsfähig gegenüber mikrobiellem Abbau. Für Tetrachlormethan, eine besonders widerstandsfähige Verbindung, nimmt man eine Lebensdauer von 100 Jahren oder mehr an. Die oftmals hohe Giftigkeit dieser Stoffe zwingt jedoch zu einer möglichst gründlichen Beseitigung aus der Umwelt. Bislang bieten sich dafür nur eine sichere Deponierung sowie Verbrennung an, wobei die Abgase die gleichen Probleme aufwerfen wie diejenigen bei der gesamten Abfallverbrennung. Auf die meisten der Chlorkohlenwasserstoffe sollte man wegen ihrer Langlebigkeit und ihrer Toxizität verzichten, denn sie bauen in der Umwelt ein zunehmend größer werdendes Gefahrenpotential auf.

Einen Ausweg aus der schwierigen Situation, die synthetische organische Verbindungen schaffen, soll die Herstellung eines erdölartigen Produkts bringen. Dazu behandelt man die organischen Abfallstoffe unter erhöhtem Druck und bei erhöhter Temperatur mit Wasserstoff, etwa wie beim Crack-Prozeß von Rohöl, und man erhält so ein erdölartiges Produkt, das man durch Destillation reinigen und fraktionieren kann. Die gewonnenen Ölfraktionen kann man zu den

unterschiedlichsten Syntheseprozessen einsetzen. Einige bei diesem
Prozeß anfallende, nicht verwertbare Abfälle müssen allerdings
entsorgt, d. h. in der Regel verbrannt, werden. Dieser prinzipiell sehr
sinnvolle Stoffkreislauf synthetischer organischer Verbindungen erfordert einen hohen Energieeinsatz, um aus den Abfallstoffen erneut das
Ausgangssubstrat herzustellen, aus dem sie ebenfalls unter
beträchtlichem Energieverbrauch gewonnen wurden. Darüberhinaus
ist diese Form der Wiederverwertung teurer, als die Herstellung
organischer Verbindungen aus Erdöl. Obwohl dieser Stoffkreislauf
technisch bereits realisiert werden kann, erweist er sich ökonomisch
als unsinnig. Der dabei erforderliche hohe Energieverbrauch mit
seinem Belastungspotential für die Umwelt (Abschn. 7.4) macht
dieses Verfahren auch zu einem ökologisch nicht vertretbaren
Stoffkreislauf.

Wenn alle Rezyklisierungsmaßnahmen mit Mängeln und Nachteilen verbunden sind, dann stellt sich die Frage, ob man solche
Maßnahmen überhaupt anwenden sollte. Erstaunlicherweise muß man
darauf antworten, daß man einige dieser Verfahren trotzdem
anwenden sollte oder sogar anwenden muß, denn der gegenwärtige
Zustand des Produzierens, Verbrauchens und Wegwerfens (ex und
hopp-Ideologie) führt uns innerhalb weniger Jahre an den Rand einer
Abfallkatastrophe. Auf gar keinen Fall darf man jedoch im
Verbrennen und Wiederaufarbeiten von Abfällen eine dauerhafte
Lösung des Problems erblicken, vielmehr müßten unverzüglich
Maßnahmen für eine wirklich praktikable Lösung des Abfallproblems
eingeleitet werden. Wie aber könnte eine solche Lösung aussehen?

8.2.3 Ein unbeliebtes Verfahren: Abfallvermeidung

Zwei Wege sind denkbar, um aus dem aktuellen Dilemma der
Abfallflut herauszufinden. Ein Weg führt über die strikte Verminderung der Abfallproduktion, der andere über die Herstellung
biologisch abbaubarer Produkte. Da wir Verpackungen und kurzlebige
Produkte als Hauptursachen für die Abfallflut kennengelernt haben,
müßte an diesen Punkten am meisten gespart werden. Auf
Verpackungen könnte man in vielen Bereichen verzichten, wenn
dafür Verkaufspersonal oder Automaten die jeweils erforderlichen

Kleinmengen bereitstellen, die der Verbraucher in eigene Behältnisse übernimmt. Das könnte bei Milch, Quark, Mehl oder Zucker ebenso praktiziert werden wie bei Pralinen, Parfüm, Schrauben, Nägeln, Bilderhaken, Bohrmaschinen oder Oberhemden. Wo ein Verzicht auf Verpackung nur schwer möglich ist, wie etwa beim Bier, weil es zu schnell seine Kohlensäure verliert, müßte man ausschließlich wiederverwendbare Verpackungen, im Falle von Bier sind es Mehrweg-Glasflaschen, einsetzen. Wiederverwendbare Verpackungen bieten sich auch für Schuhe, Haushaltgeräte, Stereoanlagen und viele andere Produkte an, wobei eine gewisse Standardisierung bzw. Rasterung der Außenmaße der Gerätschaften Universalverpackungen ermöglichen könnte.

Was die Schaffung langlebiger Produkte angeht, so hätte zunächst das Diktat einer bewußt kurzlebig gestalteten Mode zu verschwinden. Designer hätten dann die Aufgabe, sog. "zeitlose" Aufmachungen zu schaffen, die einem wesentlich langsameren Wandel unterliegen, als es derzeit der Fall ist. Verschleißträchtige Materialien vieler Produkte müßten durch haltbare Materialien ersetzt werden, wie Spanplatten durch Hartholz, Kunststoffteile durch Metallteile, weiche Metalle durch harte Metalle usw. Viele technische Geräte, wie etwa Kraftfahrzeuge, Fernsehapparate, Stereoanlagen und andere mehr, könnte man in modularer Bauweise konzipieren, um im Falle wesentlicher technischer Neuerungen ein Nach- oder Umrüsten der alten Geräte zu ermöglichen. Schließlich sollte man alle Gebrauchsgegenstände wieder reparaturfreundlicher gestalten und nicht, wie heute üblich, absichtlich mit nicht reparablen Schwachstellen ausstatten.

Der andere Weg, die Abfallflut zu bewältigen, führt über die Verwendung biologisch abbaubarer Materialien, wo immer sich dafür Möglichkeiten bieten. Beispielsweise könnte man in vielen Fällen Blech- und Kunststoffgehäuse durch Holz-, Cellulose- oder Chitingehäuse ersetzen. Man könnte auch dazu übergehen, neue Werkstoffe aus biologisch abbaubaren Materialien herzustellen, doch wäre auch hierbei Sparsamkeit angesagt, damit nicht die letzten Wälder der Erde einem ungezügelten Cellulose- und Ligninverbrauch zum Opfer fallen. Sparsamkeit, auch im Umgang mit biologisch abbaubaren Materialien, würde gleichzeitig dazu beitragen, Rohstoffreserven sowie Energie für deren Aufarbeitung zu sparen. Alle biologisch abbaubaren

Materialien könnten, nachdem sie abgenutzt sind, problemlos kompostiert werden.

9 Die mobile Gesellschaft

Konsumorientierte Lebensweise, verbunden mit ständig wachsender industrieller Produktion von Verbrauchsgütern, ist eng mit einem leistungsfähigen Verkehrs- und Transportsystem verknüpft. Transport und Verkehr stellen sogar eine wichtige Triebfeder für den industriellen und wirtschaftlichen Fortschritt dar und ebenso für die kulturelle Weiterentwicklung der Menschen, weil ein leistungsfähiger Verkehr die Grenzen zwischen verschiedenen Kulturkreisen überwinden hilft. Nicht zuletzt hat aber die moderne Verkehrsentwicklung eine früher nie für möglich gehaltene, individuelle Mobilität ermöglicht. Doch wenn hier in wenigen Worten die Segnungen leistungsfähiger Verkehrs- und Transportsysteme herausgestellt werden, dann darf man dabei nicht vergessen, auch dieses Element unseres Lebensstils aus verschiedenen Blickwinkeln zu betrachten. Ein leistungsfähiger und preisgünstiger Fernverkehr hat u. a. dazu geführt, daß sich viele Krankheiten und Parasiten global ausbreiten konnten, die früher regional begrenzt geblieben wären. Transport- und Verkehrssysteme haben es auch ermöglicht, daß natürliche Ressourcen geographisch isoliert liegender Regionen durch Industrienationen rasch ausgebeutet werden konnten, wobei nicht selten die Ökosysteme jener isolierten Regionen stark in Mitleidenschaft gezogen wurden. Beispiele dafür liefern u. a. die Erdölförderung in industriefernen Gebieten, wie am Grund von Schelfmeeren oder in Sibirien, aber auch die Erz- und Diamantengewinnung in entlegenen Gebirgsgegenden oder in Gebieten, die unter dem tropischen Regenwald liegen. Preisgünstige Transportsysteme haben es auch ermöglicht, daß unliebsame Abfälle aus Industrienationen in entfernt liegende Länder verbracht werden, um dort kostengünstiger und gegebenenfalls weniger umweltschonend entsorgt zu werden, als im Ursprungsland und vieles andere mehr. Wie diese wenigen Beispiele andeuten, muß auch unser Verkehrs- und Transportsystem einer kritischen Bewertung unterzogen werden.

9.1 Eigendynamik des Verkehrswesens

Bei einer solchen Betrachtung fällt auf, daß das Streben nach möglichst optimalen Verkehrssystemen und Verkehrswegen im Laufe der Zeit ganz unverkennbar eine Eigendynamik entwickelt hat, die inzwischen schwer kontrollierbar geworden ist. Beispielsweise ist die Kraftfahrzeugindustrie zu einem wirtschaftsprägenden Industriezweig herangewachsen, an dem sich u. a. sogar gesetzgeberische Maßnahmen Lohnniveau der Beschäftigten sowie Planung von Straßen und Autobahnen orientieren. Die besonders durch Kraftfahrzeuge gewonnene, individuelle Mobilität hat dazu geführt, daß Arbeits- und Wohnort nicht mehr unmittelbar benachbart liegen müssen, und als Folge der erzielten Freizügigkeit bei der Wahl des Wohnorts mußten wiederum Straßen ausgebaut werden. Die individuelle Mobilität hat erst die Schaffung von Einkaufszentren am Rand der Städte ermöglicht und zu einer gewissen Verwaisung der ehemaligen Einkaufszentren innerhalb der Städte geführt. Mit dieser Entwicklung vollzog sich nicht nur ein Strukturwandel in der City der Städte, sondern auch ein erheblicher Flächenverbrauch, da die Einkaufszentren moderner Prägung mit bequem begehbaren Flachbauten und mit weiträumigen Parkplätzen ausgestattet sind, so daß man mit dem Einkaufswagen zum eigenen PKW gelangen kann.

Die unbestreitbaren Vorzüge des Individualverkehrs kommen allerdings nicht allen Bevölkerungsgruppen in gleichem Maße zugute. Alte und gebrechliche Personen, die kein Kraftfahrzeug mehr führen können, und Jugendliche, die noch keinen Führerschein besitzen, können an den Vorteilen des Individualverkehrs nur begrenzt teihaben, nämlich nur dann, wenn sie eine Mitfahrgelegenheit finden. Die negativen Auswirkungen des Individualverkehrs haben sie jedoch ebenso zu ertragen, wie die Autofahrer selber. Doch bevor wir uns den negativen Auswirkungen des Verkehrs zuwenden, sollen noch einige spezielle Entwicklungstendenzen erwähnt werden, die moderne Verkehrssysteme mit sich gebracht haben.

Ähnlich wie beim Individualverkehr mit dem PKW kann auch der Güterverkehr mittels LKW sehr freizügig gestaltet werden, denn damit entfällt die Abhängigkeit von festgelegten Fahrplänen, und er ist in der Regel ohne große Umwege von einem Ort zum anderen möglich. Meist ist das gleichbedeutend mit einer erheblichen Zeitersparnis.

Dementsprechend wird sogar der Massentransport häufig von der Schiene auf die Straße verlegt. Die exakte, zeitliche Planbarkeit des Gütertransports und die große Variabilität der transportierten Gütermenge haben eine Lagerhaltung von Rohstoffen oder Bauteilen einerseits und von Fertigprodukten andererseits weitgehend überflüssig werden lasen. Man läßt nur noch das anliefern, was zu einem bestimmten Zeitpunkt benötigt wird, ein Vorgang, der mit dem Schlagwort "just in time Verkehr" charakterisiert wird. Dabei spielt sich die dennoch erforderliche, sehr kurzfristige Lagerhaltung auf Autobahnen und Parkplätzen ab. Diese für die Hersteller sehr günstige Entwicklung des Güterverkehrs hat den Nachteil, daß dadurch Güter, die früher mit der Bahn befördert wurden, heute über die Straßen rollen, und daß eine minutiöse zeitliche Steuerung der Lieferungen viele Einzeltransporte gegenüber wenigen Massentranporten in den Vordergrund treten lassen. Das bedeutet, daß die Straßen mehr Lastkraftwagen aufnehmen müssen, und daß die Transporte praktisch zu jeder Tages- und Nachtzeit laufen, was besonders in bewohnten Gebieten erhebliche Belästigungen der Anwohner verursacht.

Einem anderen Aspekt eines preisgünstigen Güterverkehrs auf der Straße begegnet man beispielsweise im Bereich der Viehzucht (Abschn. 5.4). Man nimmt hier lange Transportwege von lebenden Tieren in Kauf, um standortbedingte Kosten für Schlachtungen und für Kühltransporte von Fleisch einzusparen, wobei die Sparmaßnahmen zu Lasten der Gesundheit und des Wohlbefindens der Tiere gehen.

9.2 Verkehr als Mittel zur Freizeitgestaltung

In einer ganz anderen Richtung hat sich der Verkehr als Mittel zur Freizeit- und Urlaubsgestaltung entwickelt. Obwohl auch beim Reiseverkehr Kraftfahrzeuge eine bedeutende Rolle spielen, hat sich ein Teil der Urlaubsaktivitäten auf den Flugverkehr verlagert, der noch immer zunimmt. Inzwischen haben sich Reisen mit Kraftfahrzeugen wie mit Flugzeugen zu einem regelrechten Massentourismus entwickelt, dem man nicht nur in der sommerlichen und winterlichen Urlaubszeit huldigt, sondern stets, wenn einige Feiertage beisammenliegen, so daß eine Reise möglich wird. Als Folge dieser Reisewut bilden sich auf den Autobahnen Staus von vielen Kilometern Länge; Eisenbahnzüge sowie Flugzeuge und Flughäfen sind dann überfüllt. Unabhängig davon, wie weit die Reise jeweils vom Wohnort wegführt, das massenhafte Auftreten der Touristen bedeutet für die betroffene Urlaubslandschaft stets eine besondere Belastung, die außerordentlich vielschichtig in Erscheinung treten kann. Beispielsweise tragen die Verkehrsmittel zu einer erhöhten Belastung mit Abgasen bei und verursachen erhöhte Schallpegel. Die Urlauber verdichten die Böden am Urlaubsort, sie stören die dort ansässige Tierwelt und strapazieren die Vegetationsdecke, die keinesfalls immer so starken Beanspruchungen angepaßt ist. Besonders deutlich treten solche Störungen in Gebieten zutage, die als Urlaubssportgebiete genutzt werden (Abb. 12). Außer an den bereits erwähnten Gewässerufern kennt man Artenreduktionen durch Freizeitverkehr beispielsweise in typischen Skilaufgebieten, in denen die Pflanzendecke mitunter so stark in Mitleidenschaft gezogen werden kann, daß dadurch die Bodenerosion gefördert wird, wie viele Beispiele in den Alpen erkennen lassen. In wasserarmen Regionen, wie etwa im Mittelmeerraum und in Californien, können die Besucherströme zu einer Übernutzung der natürlichen Wasserreserven führen, zumal Urlauber nur in den seltensten Fällen gewillt sind, den von zu Hause gewöhnten Wasserkonsum in der am Urlaubsort notwendigen Weise einzuschränken. In der Regel verhalten sich Urlauber am Urlaubsort nicht ökologisch angemessen und vernünftig, häufig, weil sie über die ortsüblichen, ökologischen Erfordernisse nicht ausreichend informiert sind, teils aber auch aus Bequemlichkeit und aus dem Anspruchsdenken heraus, am Urlaubsort stets optimale Lebensbedingungen bedenkenlos nutzen zu dürfen.

Weiträumige und sogar weltumspannende, preisgünstige Verkehrssysteme haben auch zu einer gesundheitlichen Belastung der Menschen geführt. Mit den immens gestiegenen Reiseaktivitäten wurden Krankheitserreger und Parasiten weltweit verschleppt, so daß man bereits von sog. Urlaubskrankheiten (z. B. Malaria u. a.) und Urlaubsparasiten (z. B. Kopfläuse, Schistosomen u. a.) spricht.

Wie diese wenigen Beispiele zu Folgen moderner Verkehrssysteme zeigen, neigt man dazu, die Möglichkeiten einer neuen Technologie zunächst bedenkenlos auszuschöpfen, ohne deren Folgen sorgfältig genug abzuschätzen. Nach der Gewöhnung an die neue Technologie

ist man nur noch schwer davon zu überzeugen, daß eine neue
Möglichkeit, die eine moderne Technologie eröffnet, zugunsten des
Naturhaushalts nur sehr sparsam genutzt werden sollte.

Neben den erwähnten, spezielleren Problemen, die der Verkehr mit
sich bringt, schaffen massenhaft genutzte Verkehrssysteme einige
ganz allgemeine Umweltprobleme, die deshalb keineswegs von
geringerer Bedeutung sind.

9.3 Energieverbrauch und Luftbelastung

Eines dieser allgemeinen Probleme besteht im Energieverbrauch
unserer modernen Verkehrsmittel, womit eine Ressource recht
bedenkenlos eingesetzt wird, mit der man eigentlich sparsam umgehen
sollte. Der Verkehr auf der Straße, in der Luft und auf dem Wasser
stützt sich ausschließlich auf Erdöl. Die Bahn fährt in Mitteleuropa
überwiegend mit elektrischem Strom, der zum Teil aus Kernenergie
und Wasserkraft, zum größten Teil jedoch aus fossilen Energieträgern
gewonnen wird und damit ebenso wie Erdöl zum Treibauseffekt
beiträgt. Das Ausmaß des Treibhauseffekts hängt einerseits von der
Abgasmenge ab, besonders vom Kohlendioxidausstoß. Andererseits
ist es von Bedeutung, ob die Abgase in Erdbodennähe oder nahe der
Stratosphäre ausgestoßen werden. Deshalb beteiligen sich sehr hoch
fliegende Flugzeuge (ca. 10-15 km Flughöhe) ungleich stärker am
Treibhauseffekt als Verkehrsmittel gleichen Treibstoffverbrauchs am
Boden, zumal in großer Höhe auch das von den Verbrennungs-
maschinen ausgestoßene Wasser einen nennenswerten Beitrag zum
Treibhauseffekt liefert, weil es von hier aus sehr viel langsamer aus
der Atmosphäre ausgeschieden wird, als in Erdbodennähe. Wasser, so
wurde bereits erwähnt, beteiligt sich an der Infrarotabsorption. In der
Stratosphäre ausgestoßenes Wasser bildet dort Eiskristalle, die sich
außerdem, wenn auch indirekt, an photochemischen Reaktionen
beteiligen, die zur Ausdünnung der dort vorhandenen Ozonschicht
beitragen.

Trotz der Luft- und Klimabelastung der Flugzeuge beschränken
sich die Bemühungen, diese Schadwirkungen zu begrenzen, darauf,
neue Triebwerke mit verbessertem Wirkungsgrad zu entwickeln. An
eine Einschränkung des Flugverkehrs wird derzeit offenbar nicht

gedacht, viel eher will man im Luftverkehr einseitig nur eine Wachstumsbranche der Wirtschaft sehen, die man deshalb staatlich unterstützt, indem man den Treibstoff Kerosin nicht besteuert, im Unterschied zu den Kraftstoffen für Otto- und Dieselmotoren. In diesem Fall verhält sich die Steuerpolitik also keineswegs umweltvertäglich. Allein durch eine der Umweltbelastung angemessene Besteuerung des Kerosins ließe sich die Welle von Flugreisen deutlich reduzieren.

Neben Abgasen, die den Treibhauseffekt unterstützen, emittieren Verkehrsmittel Stickoxide. Die bodennah ausgestoßenen Stickoxide verbleiben lediglich einige Tage in der Atmosphäre, die in 8-10 km Höhe freigesetzten Stickoxide dagegen ein Jahr und länger. Das in der Höhe unter dem Einfluß von Sonnenlicht gebildete Ozon (Abb. 14) beteiligt sich am Treibhauseffekt der anderen, wärmespeichernden Gase. Anders ist jedoch die Situation bei Stickoxiden zu bewerten, die direkt in die Stratosphäre abgegeben werden oder die in die Stratosphäre einwandern. Bei ihnen überwiegt der ozonabbauende Effekt im stratosphärischen Ozongürtel. Dieser Effekt ist einer der wichtigsten Gründe dafür, warum es kaum Flugzeuge gibt, die den geringen Luftwiderstand der Stratosphäre zur Treibstoffersparnis nutzen.

Die bodengebundenen Kraftfahrzeuge verursachen besonders in sonnenreichen Regionen einen starken Ozon-Streß. Berüchtigt dafür sind u. a. Städte wie Los Angeles, Mexiko, Madrid und Athen, zumal noch immer ein erheblicher Anteil der Kraftfahrzeuge nicht mit einem Abgaskatalysator ausgerüstet ist. Doch auch der geregelte Katalysator, der die Stickoxidkonzentration im Abgas um ca. 95 % senkt, hat nicht die erwartete Entlastung für die Luft gebracht. Dafür gibt es mehrere Erklärungen: Der Katalysator reduziert Stickoxide erst, wenn er seine optimale Betriebstemperatur von etwa 600 °C erreicht hat. Während der Warmlaufphase, d. h. während der ersten 4-6 km nach dem Start, ist dessen Wirkungsgrad noch sehr gering. Die Katalysatorwirkung kann auch erheblich verschlechtert werden, wenn versehentlich bleihaltiger Kraftstoff getankt wurde, da bereits sehr geringe Bleikonzentrationen im Abgas den Edelmetallkatalysator inaktivieren. Ebenso kann die Katalysatorleistung durch Phosphate gedrosselt werden, wie sie beispielsweise im Motorenöl vorkommen können, oder durch Überhitzung, wenn beispielsweise Kraftstoff in den

Katalysator gelangt und dort verbrennt. Außerdem muß man damit rechnen, daß nach etwa 100000 km Fahrleistung die Wirksamkeit des Katalysators nahezu erschöpft ist. Neben allen diesen Einflüssen, die die Katalysatorwirkung vermindern, hat vor allem die ständig steigende Zahl neuzugelassener Kraftfahrzeuge die durch Katalysatoren erzielte Entlastung der Luft wieder aufgebraucht. Eine dauerhafte Verbesserung der Abgassituation wäre nur möglich, wenn die Anzahl zugelassener Kraftfahrzeuge von der Anzahl und der Leistungsfähigkeit der eingesetzten Katalysatoren abhängig gemacht würde, oder wenn man auf weniger emissionsträchtige Antriebssysteme ausweichen könnte. Die Möglichkeit, Otto-Motoren durch Dieselmotoren zu ersetzen, weil diese etwa 30 % weniger Stickoxide ausstoßen als Otto-Motoren, ist wieder in den Hintergrund getreten, denn Dieselabgase enthalten zu viele feine Rußpartikel, die durch ihre Adsorptionsfähigkeit für viele Stoffe, auch krebserregende Substanzen, beim Einatmen toxisch wirken können. Außerdem ist bei der Vielzahl von Kraftfahrzeugen auch der geringere Stickoxidausstoß der Dieselmotoren noch immer zu hoch für die Umwelt.

Bestrebungen, den Kraftstoffverbrauch zu senken und damit auch die Abgasmenge, stagnieren seit den 80er Jahren. Statt dessen hat man bei gleichbleibendem Hubraum die Motorleistung ständig gesteigert. Könnte man sich dazu durchringen, die Motorleistung von Personenkraftwagen bei durchschnittlich 29-44 kW (entspricht etwa 40-60 PS) zu belassen, dann könnte man bei solchen Leistungen heute mit wesentlich kleineren Motoren auskommen als vor 20 Jahren, und damit wäre auch eine deutliche Verminderung des Kraftstoffverbrauchs verbunden. Diesem, aus ökologischer Sicht sinnvollen, Entwicklungsprinzip der Kraftfahrzeugmotoren steht der Wunsch der Käufer nach möglichst großen Motorleistungen gegenüber, der von der Kraftfahrzeugindustrie aus verkaufsstrategischen Überlegungen nach Kräften unterstützt wird. Hohes Beschleunigungsvermögen und eine möglichst hohe Fahrgeschwindigkeit vermitteln dem Fahrer ein Gefühl gesteigerter Fahrfreude und Überlegenheit. Geschwindigkeiten, an die der Mensch von Natur aus nicht angepaßt ist, etwa im Gegensatz zu Vögeln, führen auch dazu, daß der Kraftfahrzeugverkehr mit Abstand die größte Zahl an Unfallrisiken unter allen Verkehrssystemen heraufbeschwört. Zwar werden die Kraftfahrzeuge durch viele konstruktive Maßnahmen möglichst gut beherrschbar gestaltet, doch sollte sich der Mensch seiner angeborenen Fähigkeiten bzw. seiner mangelnden Fähigkeiten mehr bewußt werden, zumindest dann, wenn von seinen Tätigkeiten Mitmenschen oder andere Lebewesen betroffen sind, wie beispielsweise im Straßenverkehr, dem neben Menschen auch sehr viele Tiere zum Opfer fallen. Verglichen mit dem Schienenverkehr verursachen Kraftfahrzeuge ein 25-30 mal größeres Unfallrisiko, was sich u. a. in den ca. 7000 Straßenverkehrstoten pro Jahr in Deutschland und in noch mehr Verletzten äußert.

Hinsichtlich der Unfallrisiken darf man sich nicht durch Statistiken irritieren lassen, die demonstrieren, daß sich auf Autobahnen, wo die höchsten Geschwindigkeiten gefahren werden, pro Kilometer weniger Unfälle ereignen als in Städten. Stadtstraßen sind weder von ihrer baulichen Anlage noch von ihrem Mischverkehr her mit Autobahnen vergleichbar, und sie bieten für den Kraftfahrer ein umfangreicheres Maß an Ablenkungsmöglichkeiten. Die hohe Zahl der Verkehrsunfälle spricht allein schon für eine drastische Reduktion der Fahrgeschwindigkeit, und die Luftbelastung durch Fahrzeuge mit hohem Abgasausstoß weist in die gleiche Richtung.

9.4 Verkehr und Landschaftsverbrauch

Auf einer ganz anderen Ebene liegen die Umweltbelastungen durch den Verkehr, wenn man den damit in Verbindung stehenden Landschaftsverbrauch berücksichtigt. Immerhin nehmen Verkehrswege fast ein Viertel der insgesamt bebauten Flächen in Deutschland ein. Das entspricht beinahe der Hälfte der Fläche, die zur Schaffung von Wohnraum bebaut wird. In dieser Beziehung schneidet der Flugverkehr relativ günstig ab, auch wenn Flughäfen sehr großflächig angelegt werden. Die Bebauung der Landschaft bleibt dabei jedoch lokal begrenzt und durchschneidet nicht weite Landschaften, wie Schienen und Straßen. Dennoch protestiert man heute beim Bau neuer Flugplätze, weil sie außerhalb der Städte in noch nicht bebauten Landschaften angesiedelt werden (Abschn. 3).

Den größten Flächenverbrauch beansprucht der Straßenverkehr. Dabei sind es nicht nur die für den Verkehr unmittelbar genutzten und bebauten Flächen, die die Umwelt in Mitleidenschaft ziehen. Von den

für den Verkehr bebauten Flächen gehen Fernwirkungen aus, wie
Abgase und Lärm, die eine sehr viel größeres Areal beeinträchtigen,
als es der unmittelbar bebauten Fläche entspricht. Deshalb sollte man
sich grundsätzlich bei der Anlage neuer Verkehrswege von dem
Prinzip leiten lassen, daß die Erweiterung bereits bestehender
Verkehrswege die Umwelt weniger belastet, als die Anlage neuer
Trassen (Abb. 4). Das gilt für Schienen ebenso wie für Straßen. Da
man dieses Prinzip zu selten beachtete, schrumpften die ver-
kehrsarmen Landschaftsflächen, weil sie immer wieder von neu
geschaffenen Verkehrslinien zerschnitten wurden. Rings um die
Ballungszentren findet man deshalb keine Landschaften von mehr als
100 km^2 Fläche, die nicht von Verkehrsadern zerschnitten werden.
Auch Versiegelung und Verdichtung des Bodens einschließlich der
dazugehörigen Entwässerungsmaßnahmen belasten die verbliebenen
naturnahen Landschaften zunehmend. Jeglicher Neuplanung größerer
Verkehrswege sollte heute, sofern es noch nicht geschehen ist, die
Erstellung eines Arten- und Landschaftskatasters vorangehen, mit
dessen Hilfe Abschätzungen über die Gefährdung letzter, noch
vorhandener, naturnaher Landschaften durch die Baumaßnahmen
durchgeführt werden können.

Überlegungen zum Landschaftsverbrauch sollten auch stets
durchgeführt werden, wenn es darum geht, ein neuartiges Verkehrs-
system einzurichten, wie etwa den Intercity-Expreß, der mit
Reisegeschwindigkeiten von etwa 250 km/h stabilere Schienenbetten
und kurvenärmere Streckenführungen benötigt als herkömmliche
Schnellzüge. Ebenso gilt das für die geplante Magnetschwebebahn
Transrapid, die eine auf Betonständern ruhende Schiene erfordert.
Neben der Rentabilität solcher Transportsysteme gilt es mit der
gleichen Sorgfalt zu prüfen, ob wirklich langfristig, d. h. über
Generationen hinweg, so große Vorteile zu erwarten sind, daß unsere
Generation daraus das Recht ableiten darf, hierfür einen bestimmten
Prozentsatz noch vorhandener, naturnaher Landschaften zu opfern,
oder ob die zu erwartenden Vorzüge nur einer vergleichsweise kleinen
Gruppe zugute kommt, die gegebenenfalls lediglich einen zeitlichen
Gewinn von 30 oder 60 min pro Reise daraus zieht. In einem solchen
Fall würden wohl eher unsere Unrastgefühle befriedigt sowie unsere
Bestrebungen ständig verkaufsträchtige, technische Neuerungen zu
schaffen, als daß dadurch die Lebensqualität der Bevölkerung

maßgeblich gesteigert würde. Bei derartigen Überlegungen muß man stets die eigene Generation als Teil einer langen Generationenabfolge betrachten, wobei man der eigenen Generation keine größeren Entfaltungsmöglichkeiten einräumen darf als den folgenden.

An dieser Stelle könnte man den Einwand vorbringen, daß es uns nichts angeht, was der Einzelne mit einem Zeitgewinn von 30 oder 60 min anfängt. Mit dieser Form der Argumentation machen wir jedoch die Umweltressourcen, auf deren Kosten wir den Zeitgewinn erzielen, zum absolut frei verfügbaren und völlig kostenlosen Gut. Gerade diese Einstellung darf man auf unserer so dicht bevölkerten Erde nicht verteten, wenn man nicht in egoistischer Weise die verfügbaren Naturressourcen für sich allein beansprucht.

Überlegungen zur Gestaltung von Verkehrsführungen sind auch bei der Anlage von Binnenschiffahrtswegen dringend erforderlich. Durch die Anlage schiffbarer Kanäle kann der Wasserhaushalt ganzer Landschaften verändert werden, Lebensräume vieler Tierarten werden zerschnitten, und ganze pflanzensoziologische Lebensräume können vernichtet werden, so wie es beim Main-Donau-Kanal in Bayern, besonders im Bereich des Altmühltals, eingetreten ist. Dabei werden die Landschaftsveränderungen nicht einmal durch verkehrstechnische Vorteile gerechtfertigt, so wie es einige überoptimistische Gutachten voraussagten. Die in der Landschaft angerichteten Schäden sind jedoch weitgehend irreparabel.

Auch das Schiffbarmachen von Flüssen kann tiefgreifende Einflüsse auf die Landschaft ausüben (Abschn. 6.2). Deshalb sollten den Planungen zum weiteren Ausbau von Elbe, Spree, Saale und anderen Binnengewässern äußerst sorgfältige Analysen über mögliche Landschaftsveränderungen vorangestellt und dann auch berücksichtigt werden, um die Liste irreversibler Landschaftszerstörungen mit erheblichen Artenreduktionen nicht noch weiter zu vergrößern.

9.5 Lärmbelastung

Moderne Verkehrssysteme beeinflussen nicht nur Landschaften, sie beeinflussen auch Menschen und viele Tierarten durch die von ihnen erzeugten Geräusche. Befragungen zufolge fühlen sich etwa 70 % der Bevölkerung durch Straßenverkehrslärm und ca. 50 % durch Fluglärm belästigt. Erst in einigem Abstand folgt der Schienenverkehr, und zwar nicht deshalb, weil er geräuscharm ablaufen würde, sondern weil Lärm von der Schiene weniger Menschen erreicht als Straßen- und Fluglärm. Der Verkehr nimmt also eindeutig die dominierende Stellung unter allen Schallquellen ein, die den Menschen stören.

Schall wird als ein Druckereignis wirksam. Den Schalldruck mißt man in der Einheit Bel, oder weil es sich um sehr geringe Drucke handelt, als Dezibel (dB). Den Schalldruck definiert man als dekadischen Logarithmus des Quotienten aus dem aktuell wirkenden Schalldruck zum gerade noch vom Ohr wahrnehmbaren Schalldruck. Da das menschliche Ohr den Schall von der untersten (20 Hz) bis zur obersten, noch wahrnehmbaren Grenzfrequenz (20000Hz) nicht gleichlaut empfindet, sondern die hohen und niederen Frequenzen leiser wahrnimmt als den mittleren Frequenzbereich, schaltet man zur Schalldruckmessung ein Filter ein, das ähnlich der Empfindung des Ohrs die hohen und niederen Frequenzen dämpft. Da dieses Filter mit dem Buchstaben A (zur Unterscheidung von anderen Filtern) bezeichnet wird, werden alle Schallpegelmessungen, die mit diesem Filter durchgeführt werden, in dB(A) angegeben.

Wenn wir von Schall- oder Geräuschschäden sprechen, dann müssen wir zwei völlig verschiedene Krankheitsbilder unterscheiden, die durch Schalleinwirkungen hervorgerufen werden können. Schalldruckpegel von mehr als 85 dB(A) können auf die Dauer Schäden im Innenohr hervorrufen, die sich zunächst als vorübergehende, bei Dauereinwirkung jedoch als irreversible Vertäubung äußern: besonders der Frequenzbereich oberhalb von 2000 Hz wird leiser wahrgenommen. Diese Form der Schwerhörigkeit kann so weit gehen, daß der Betroffene Gespräche Dritter nicht mehr ohne Hörgerät verstehen kann. Solche Schallschäden werden jedoch allein durch Verkehrslärm nur sehr selten ausgelöst. Hauptursache für Vertäubungen sind dagegen Maschinen (Preßlufthämmer, Pressen u. a.) und überlautes Hören von Musik, besonders bei elektronisch verstärkter Musik.

Häufiger als Vertäubungen treten Schallschäden auf, die durch Schallpegel von weniger als 85 dB(A) ausgelöst werden. Bei dieser zweiten Form von Schallschäden spielt der Schallpegel nur eine untergeordnete Rolle. Dagegen ist es wichtig, daß man den Schall als unangenehm empfindet und daß man diesen Schalleinwirkungen häufig ausgesetzt ist. Sind diese beiden Kriterien erfüllt, dann werden im Körper Streßreaktionen in Gang gesetzt, in deren Verlauf der Sympathicus, ein Teil des vegetativen Nervensystems, dauerhaft erregt wird. Gleichzeitig wird das Nebennierenmark zu erhöhtem Adrenalinausstoß angeregt. Beide Prozesse lösen gemeinsam eine Reihe von physiologischen Veränderungen im Körper aus, zu denen u. a. Gefäßverengungen, Steigerung des Blutdrucks, Zunahme von Cholesterin und Zucker im Blut sowie eine Erschlaffung von Magen- und Darmmuskulatur gehören. Fortgesetzte Schallbelästigung erregt auch das Gehirn dauerhaft. Solche physiologischen Veränderungen, die bei kurzzeitigen Schalleinwirkungen stets voll reversibel sind, können bei Dauerbelastung, je nach persönlicher Konstitution der Betroffenen, zu unterschiedlichen Krankheitsbildern führen. Während viele Personen auf Dauerbelastungen mit erhöhtem Blutdruck reagieren, kann er bei anderen Menschen sinken. Liegt zudem eine gewisse körperliche Neigung (Disposition) zu erhöhtem Blutdruck oder zu Herz-Kreislaufbeschwerden vor, so können sich diese zu dauerhaften Erkrankungen weiterentwickeln. Außerdem wurden unter Dauerschalleinwirkung Schlafstörungen, Konzentrationsschwäche und Übernervosität beobachtet. Die Schwierigkeit, all diese objektiv feststellbaren Erkrankungsformen auf unerwünschte Schalleinwirkungen zurückzuführen, besteht darin, daß ganz ähnliche Krankheitsbilder auch durch andere Formen von Streß ausgelöst werden können, beispielsweise durch fortgesetzte Terminnot, ständig wiederkehrende Angstzustände, anhaltenden Ärger und vieles andere mehr. Diesen Tatbestand berücksichtigend, können sich Lärmverursacher häufig aus der Verantwortung für lärminduzierte Gesundheitsschäden zurückziehen. Daß dennoch Lärm als Krankheitsursache generell anerkannt wird, geht u. a. daraus hervor, daß man derzeit weitaus größere Geldsummen für den Schallschutz ausgibt, als es vor 25 Jahren der Fall war.

Zur Begrenzung der Schallausbreitung werden Schallschutzwände an Straßen und Bahntrassen errichtet, auch wenn sie trotz mancherlei architektonischer Gestaltungsmaßnahmen das Landschaftsbild beeinträchtigen. Doppelt und dreifach verglaste Fenster sollen Wohnungen vor zu hohem Verkehrslärm bewahren. Bei teuren Kraftfahrzeugen wird die Motorhaube mit einer Schallschutzmatte bedämpft, Reifenprofile entwickelt man auch im Hinblick auf verminderte Schallerzeugung, und ein stark poröser, sog. Flüsterasphalt soll zusätzlich Rollgeräusche unterdrücken. An den extrem lauten Strahltriebwerken der Düsenflugzeuge hat man technische Verbesserungen zur Verminderung der Schallemission durchgeführt. Aber alle diese und weitere Maßnahmen zur Eindämmung des Verkehrslärms reichen nicht aus, um die Bevölkerung hinlänglich vor unerwünschter Schalleinwirkung zu schützen, denn die ständig wachsende Zahl von Verkehrsfahrzeugen kompensieren jede technische Verbesserung in kürzester Frist. So sind zusätzliche planerische Maßnahmen unerläßlich, um die Menschen vor Verkehrslärm zu schützen. Zu dieser Art von Maßnahmen gehören u. a. die Ausweisung bestimmter Flugschneisen in der Umgebung von Flughäfen, verkehrsberuhigte Zonen und Fußgängerzonen in Innenstädten sowie Geschwindigkeitsbeschränkungen auf siedlungsnahen Autobahnabschnitten. Einen wichtigen Schritt in diese Richtung bedeutet auch das Nachtfahrverbot für den Schwertransportverkehr in der Schweiz.

Bei allen bisher durchgeführten Betrachtungen über die Auswirkungen unerwünschter Schallereignisse stand der Mensch im Mittelpunkt des Interesses. Doch daneben gibt es weitere Lebewesen, die dem Schall ausgesetzt sind. Pflanzen besitzen weder ein Gehörorgan noch eine zentralnervöse Einrichtung zur Bewertung von Schallereignissen. Sie scheiden deshalb aus diesem Problemkreis aus. Aber viele Tierarten verfügen über ein wohl entwickeltes Gehör, und zumindest unter den Wirbeltieren reagieren viele Arten empfindlich auf erhöhte Schallpegel und ziehen sich, soweit noch möglich, in weniger belastete Gebiete zurück. Andererseits hat man beobachtet, daß sich viele Tiere sehr wohl an hohe Lärmpegel gewöhnen können, und man verweist auf Kaninchen in städtischen Grünanlagen und auf Vögel, die inmitten von Baumaschinen und Verkehrslärm brüten. Deshalb hat man die griffige Faustregel aufgestellt, daß sich Tiere wohlfühlen, solange sie fressen, schlafen und sich vermehren. Die Frage bleibt jedoch offen, ob diese Kriterien wirklich ausreichen, um das Wohlbefinden von Tieren abschätzen zu können. Auch die Menschen in einer lärmbelasteten Großstadt erfüllen alle diese Kriterien, und doch erkranken sie immer häufiger unter dem Einfluß des Lärms.

Der Verkehr steht, wie kaum ein anderes Betätigungsfeld der Menschen, im Spannungsfeld zwischen der Erfüllung des Wunschtraums nach freier Beweglichkeit und massiven Umweltbelastungen, die sich z. T. sogar direkt gegen den Menschen selber richten, wie Verkehrsunfälle, Lärmbelastung und Abgasproblem. In einem solchen Interessenkonflikt fällt die Orientierung deshalb schwer, weil sich der Mensch trotz seiner Befähigung zu sachlicher Güterabwägung in solchen Fällen nur zu rasch von Wünschen und Emotionen leiten läßt, und das bedeutet, daß er alle Probleme herunterspielt, um seinen Wünschen folgen zu können. Der nüchterne Verstand würde uns zur Zurückhaltung auf dem Verkehrssektor mahnen. Einige wenige Stichworte sollen diese Mahnung unterstreichen, obwohl sie der in der Regel praktizierten Mischung aus Sachverstand einerseits sowie Wünschen und Empfindungen andererseits kaum standhalten werden. Aus ökologischer Sicht könnten zu einer Entschärfung des Verkehrsproblems u. a. folgende Maßnahmen beitragen:

- Eine engere, räumliche Verknüpfung von Arbeits- und Wohnstätten, so daß die Wege zu den Arbeitsplätzen kleiner werden. Das setzt allerdings voraus, daß Industriebetriebe so emissionsarm wie möglich arbeiten müssen.

- Die räumliche Konzentrierung von Fertigungsstätten und Zulieferindustrie oder eine Wiedereinführung einer ausreichenden Lagerhaltung der Fertigungsbetriebe, damit Massengütertransporte bevorzugt mit der Bahn abgewickelt werden können.

- Restriktionen gegenüber einem überschäumenden Individualverkehr, wie beispielsweise Geschwindigkeitsbeschränkung auf 100 km/h, wobei diese Begrenzung bereits in den Fahrzeugen konstruktiv vorgenommen werden sollte, damit energiesparende Motoren eingesetzt werden können.

- Flugreisen sollten durch eine drastische Besteuerung des Kerosins wesentlich teurer gemacht werden, als es derzeit der Fall ist. Solche Maßnahmen könnten allerdings nur auf internationaler Ebene verwirklicht werden.

- Nachtfahrverbot für Individual- und Lastverkehr in besiedelten Regionen und in Gebirgstälern.

- Gesetzliche Maßnahmen zur Förderung des Schienenverkehrs gegenüber dem Kraftfahrzeugverkehr.

- Entwicklung emissionsarmer Antriebssysteme.

- Rascher Ausbau der städtischen Verkehrssysteme und Anbindung an den suburbanen Bereich.

10 Wege aus dem Dilemma

Das Beispiel Verkehr hat es nochmals deutlich werden lassen, wie die Wünsche der Menschen nach möglichst freizügiger Lebensgestaltung mit den Erfordernissen des Umweltschutzes in Konflikt geraten, und dieser Konflikt wird umso schärfer, je mehr Menschen die Erde bevölkern. Man wünscht sich ein Instrumentarium, mit dessen Hilfe ein optimales Ausbalancieren dieser, sich oftmals widerstrebenden Tendenzen möglich wäre. In den vorangegangenen Kapiteln wurden bereits einige Anregungen gegeben, welche Wege man beschreiten könnte, um Einzelprobleme zu mildern. Ein umfassendes Konzept zur Steuerung aller oder zumindest vieler Umweltprobleme ergibt sich daraus jedoch noch nicht. Deshalb stellt sich die Frage, ob ein allgemein wirksames Instrumentarium überhaupt geschaffen werden kann. Eine Reihe von Denkansätzen dazu existieren bereits. Die wichtigsten dieser Vorschläge sollen kurz erörtert werden.

10.1 Gesetzliche Maßnahmen

Eine wirksame Kontrollmöglichkeit wird in gesetzlichen Regelungen der Umweltbelastungen gesehen. Danach würden gesetzliche Richtlinien die maximal zulässigen Emissionen festlegen. Auf diesem Wege ließen sich auch andere Eingriffe in den Naturhaushalt reglementieren, wie etwa die Verfügbarkeit von Bauland, die maximal zulässige Einschlagquote für Bäume, die Nutzungsmöglichkeiten von Gewässern und Uferbereichen und vieles andere mehr. In gewissen Bereichen existieren solche Vorschriften bereits seit einer Reihe von Jahren. Beispielsweise regelt die "Technische Anleitung Luft" (TA Luft) die Freisetzung von Abgasen. Die Klärschlammverordnung setzt Grenzwerte für den Schwermetallgehalt von Klärschlämmen, die als Dünge- oder Bodenverbesserungsmittel eingesetzt werden. EU-Normen setzen fest, wie viele Begleitstoffe Trinkwasser enthalten darf usw.

Die Einhaltung gesetzlicher Bestimmungen bedarf jedoch umfangreicher Kontrollen sowie eines zugeordneten Strafrechts, mit dessen Unterstützung Übertretungen geahndet werden können. Neben der Schwierigkeit, die Einhaltung von Vorschriften stets ausreichend kontrollieren zu können, erweisen sich gesetzliche Reglementierungen meist als relativ starr und innovationshemmend. Das bedeutet, daß es keinen Anreiz gibt, einmal festgeschriebene Grenzwerte zu unterschreiten. Fallen gesetzliche Regelungen zum Umweltschutz in einem Land wesentlich strenger aus als in anderen Ländern, dann droht die Gefahr, daß wichtige Wirtschaftszweige in Länder mit lasch gehandhabten Umweltgesetzen abwandern. Damit entfallen Arbeitsplätze und Steuerquellen zum Schaden des umweltbewußten Landes. Um solche Nachteile zu vermeiden, sollten besonders wichtige Umweltgesetze international abgestimmt werden, oder ein Land mit besonders strengen Umweltgesetzen muß für die davon betroffenen Firmen finanzielle Kompensationsmöglichkeiten auf anderen Sektoren schaffen, um ein Verbleiben im Land dennoch attraktiv zu gestalten.

10.2 Steuern oder Umweltabgaben

Eine andere, häufig diskutierte Maßnahme besteht darin, Umweltsteuern zu erheben. Besteuern kann man sowohl die Freisetzung von Schadstoffen oder Lärmemissionen als auch andere Eingriffe in den Naturhaushalt, wie beispielsweise Baumaßnahmen. Umweltsteuern würden den Umweltbelaster dazu anregen, möglichst wenig steuerpflichtige Emissionen freizusetzen oder nach umweltschonenden und damit kostengünstigeren Alternativlösungen Ausschau zu halten. Allerding wäre der Staat kaum an der Entwicklung umweltschonender Maßnahmen interessiert, weil sie seine Steuereinnahmen beschränken würden. Man kann dieses Verhalten des Staats u. a. bei der Besteuerung von Tabakwaren, Spirituosen und bei Benzin deutlich erkennen. Die Steuersätze werden bis an die Erträglichkeitsgrenze des Steuerzahlers angehoben, doch will man keineswegs den Verbrauch von Tabak, Alkohol oder Benzin damit wirklich drastisch einschränken, weil damit wichtige Steuerquellen verloren gingen.
Umweltsteuern besitzen darüber hinaus noch einen weiteren Nachteil. Die Gelder aus der Umweltsteuer kämen bestenfalls teilweise der Umwelt zugute. Hauptsächlich würden sie in andere Sparten des Staatshaushalts wandern. Aus dem Blickwinkel der Umweltbelange

wäre deshalb eine andere Möglichkeit sinnvoller, nämlich einen
Umweltzins oder eine Umweltabgabe zu erheben, die ausschließlich
für Umweltprojekte eingesetzt werden müßte, so z. B. für
Aufforstungsmaßnahmen in geschädigten Waldgebieten, für die
Entwicklung von kraftstoffsparenden Motoren, für die kostengünstige
Herstellung von Solarzellen und anderes mehr. Solche Umwelt-
abgaben sollten nicht willkürlich festgesetzte Größen darstellen,
vielmehr sollten sie sich nach Möglichkeit an tatsächlich entstandenen
Umweltschäden orientieren d. h., es müßte eine Monetarisierung der
Umweltschäden durchgeführt werden, die der Mensch sozusagen
treuhänderisch für die Umwelt übernimmt. Versuche dazu wurden
bereits mehrfach unternommen. Beispielsweise errechnete man zu
Beginn der 90er Jahre Umweltschäden in Höhe von 90-128 Mrd. Mark
jährlich. Allein die Hälfte dieses Betrags entfiel auf psychosoziale
Folgekosten von Umweltbelastungen. Solche Berechnungen stoßen
jedoch stets auf Schwierigkeiten, weil man viele Dinge nicht mit Geld
bewerten kann, wie etwa das Leben eines Tieres, einer Pflanze, ja
sogar das des Menschen selber. Allein bei der Bewertung des Lebens
eines Menschen müßte man differenziert nach seinem Lebensalter
vorgehen, denn das Leben eines Zehnjährigen, eines Dreißigjährigen
und eines Siebzigjährigen kann man kaum gleich bewerten. Ferner
fragt man sich, welcher Wert verlorengegangen ist, wenn eine Tierart
oder eine Pflanzenart ausgestorben ist. Ökologische Wechselwir-
kungen verschiedener Arten untereinander entziehen sich vollkommen
einer monetären Bewertung. Geld kann in vielen Fällen ohnehin nur
ein gewisses Äquivalent für einen Schaden darstellen, nicht jedoch
jeden Schaden ersetzen.

10.3 Umweltzertifikate

Eine weitere Variante zur Regulation von Umweltschäden sieht man
in der Schaffung von Umweltzertifikaten. Man versteht darunter
Berechtigungsscheine zur Umweltbelastung. So merkwürdig das zunächst klingen mag, es verbirgt sich dahinter eine marktwirtschaftlich
durchaus praktikable Idee. Durch den Erwerb von Umweltzertifikaten
werden einerseits dem umweltbelastenden Betrieb Kosten auferlegt,
die sonst nicht entstehen, weil die Umwelt bisher als allgemein

verfügbares, kostenloses Gut angesehen wurde. Andererseits üben Umweltzertifikate einen wirtschaftlichen Druck auf den Umweltverschmutzer aus, der ihn dazu veranlaßt, seine Umweltbelastungen zu reduzieren. Der Staat muß zunächst als Treuhandverwalter für die Umwelt auftreten und Berechtigungsscheine zur Umweltbelastung für einen gewissen Zeitraum ausgeben, etwa für die Emission von Schwefeldioxid, für Kohlendioxid oder für Lärm. Die Ausgabe der Zertifikate würde zunächst kostenlos erfolgen. Im Rahmen der auf dem Zertifikat vermerkten Menge darf nun der Zertifikatinhaber das betreffende Umweltgift, beispielsweise Schwefeldioxid, emittieren. Hat er ein Verfahren zur Emissionsminderung entwickelt, so daß er das ihm zugeteilte Kontingent nicht voll ausschöpft, dann darf er die überschüssigen Teile seines Emissionskontingents auf dem freien Markt an denjenigen verkaufen, der sein zugeteiltes Kontingent überschreitet, wobei sich der Verkaufspreis am Verhältnis von Angebot und Nachfrage orientiert. Mit der Ausgabe von Zertifikaten können auch Emissionsminderungen innerhalb eines vorgegebenen Zeitraums erzielt werden, wenn man die Zertifikate jährlich um einen gewissen Betrag abwertet. Die Zertifikatinhaber sind dann gezwungen, ihre Emissionen jährlich um den Abwertungsbetrag zu reduzieren. Andernfalls müssen Zertifikate von Firmen nachgekauft werden, die eine Emissionsminderung rascher verwirklichen konnten, als es der Abwertungsrate entspricht. Auf die Bedeutung einer Kontingentierung von Abgasen wurde bereits im Zusammenhang mit Kraftfahrzeugabgasen hingewiesen (Abschn. 9.3).

Frei handelbare Umweltzertifikate geben einen finanziellen Anreiz zu möglichst rascher Emissionsminderung durch umweltfreundliche Techniken. Umweltzertifikate würden allerdings nur dann die erwünschten Effekte erzielen, wenn sie international gültig wären, andernfalls droht wiederum ein Abwandern von Firmen in Länder ohne finanzielle Repressionen gegenüber Schadstoffemittenten.

Gegen Umweltzertifikate werden noch weitere Argumente ins Feld geführt: Die Einhaltung der erworbenen Emissionskontingente bedarf einer ständigen Überwachung durch eine unabhängige Institution, und durch Umweltzertifikate werden keine Gelder freigesetzt, um bereits eingetretene Umweltschäden zu beheben. Schließlich wirft man der Idee der Umweltzertifikate vor, daß hiermit eine Art Eigentum geschaffen wird, das zur Umweltbelastung berechtigt. Die Umwelt gehört aber nicht nur uns, sondern, wie immer wieder betont wurde, auch unseren Nachkommen sowie Tieren und Pflanzen. Doch in Anbetracht der Tatsache, daß die Umwelt auch ohne Kontingentierung und Umweltzertifikate belastet wird, ist dieser rechtlich durchaus begründete Einwand momentan wohl eher von theoretischem Interesse.

10.4 Eigeninitiativen

Neben befürwortenden Stimmen für irgendwie geartete Reglementierungen der Umweltbelastungen gibt es auch solche, die finanzielle oder gesetzliche Repressionen strikt ablehnen und alleine auf die Eigeninitiative der umweltbelastenden Betriebe setzen. Ein wichtiges Argument, das diese Vorstellungen stützt, besteht darin, daß heute Umweltschutzmaßnahmen, zumindest bei uns, ein hohes Ansehen genießen und deshalb werbewirksam für den Verkauf umweltschonend hergestellter Artikel eingesetzt werden können. Beispielsweise kann man mit Kleidungsstücken aus Naturfasern und ungiftigen Farbstoffen bestimmte Käuferschichten gezielt ansprechen, zumal solche Kleidungsstücke gleichzeitig die Allergiegefährdung der Kundschaft erheblich herabsetzen. Andere Firmen werben mit dem Hinweis darauf, daß nur noch wasserlösliche Lacke verarbeitet werden, daß Farbstoffe keine Schwermetalle mehr enthalten, daß asbesthaltige Werkstoffe durch andere ersetzt wurden und vieles andere mehr. Als werbewirksam erweisen sich auch Hinweise auf eine betriebsinterne Abwasserreinigung, und man versucht in zunehmendem Maße Fabrikationsabfälle an Ort und Stelle wieder aufzuarbeiten, womit man einerseits reklameträchtig die Abfallflut eindämmt und andererseits Rohstoffverknappungen und Rohstoffverteuerungen vorbeugt. So groß die Erfolge auch sein mögen, durch Eigeninitiative die Umwelt vor Belastungen zu schützen, so werden Eigeninitiativen doch keineswegs in allen Sparten der Industrie und bei allen Konsumenten wirksam. Sie bleiben aus, wenn kein Vorteil aus umweltfreundlichem Verhalten gezogen werden kann. Somit kann man die Reinhaltung der Umwelt nicht ausschließlich Eigeninitiativen anvertrauen.

10.5 Umweltbewußtsein der Menschen

Nicht zuletzt aus diesem Grund verknüpfen sich Hoffnungen auf eine allgemeine Minderung der Umweltbelastungen mit einer Schärfung des Umweltbewußtseins der Allgemeinheit, von der dann der notwendige Druck ausgehen soll, um Umweltbelastungen zu vermeiden. Jeder einzelne soll deshalb lernen, die Umwelt als schätzenswertes und schützenswertes Gut zu empfinden und zu verteidigen. Dazu bedarf es einerseits einer intensiven Aufklärung darüber, wie Schadstoffe auf Menschen und andere Lebewesen wirken und wie die unterschiedlichsten Tätigkeitsformen der Menschen den Naturhaushalt beeinflussen. Andererseits sollte den zumeist verstädterten Menschen unserer Tage wieder ein Gefühl dafür vermittelt werden, daß wir selber nur ein Teil der Natur sind und wir darauf angewiesen sind, mit Pflanzen und Tieren trotz aller Konkurrenzerscheinungen, die zwischen den Lebewesen auftreten, zusammenzuleben, weil die wechselseitigen Verknüpfungen innerhalb eines Ökosystems es so erfordern.

Trotz nachweislicher Umweltzerstörungen durch Menschen, die bis weit in die Steinzeit zurückreichen, gibt es auch Hinweise darauf, daß sich die frühe Menschheit darum bemühte, mit der Natur in Einklang zu leben. Beispielsweise muß man auf Grund von Höhlenzeichnungen darauf schließen, daß sich steinzeitliche Jäger in ritueller Form bei den erlegten Tieren dafür entschuldigten, daß man sie getötet hat, um sie zu essen. Diese Mentalität liegt fernab einer hemmungslosen, industriell betriebenen Nutzung unserer belebten und unbelebten Umwelt. Vielmehr lehrt uns diese Art der Koexistenz, die keineswegs die eigene Natur, Fleisch zu essen, verleugnet, wie am wirksamsten eine rücksichtslos betriebene Ausbeutung der Natur vermieden wird. Man darf deshalb nicht nachlassen, unsere Umwelt einschließlich ihrer Lebewesen den naturentfremdeten Menschen unserer Tage wieder so vor Augen zu führen, daß sie sich als Teil dieses Ganzen verstehen lernen und ihre Umwelt wieder achten und respektieren.

Nach diesem kurzen Überblick über verschiedene Strategien eines möglichst umfassenden Umweltschutzes wissen wir eigentlich noch immer nicht, welchen Weg wir beschreiten sollen. Bei jedem der vorgeschlagenen Regulationsprinzipien findet sich "ein Haar in der

Suppe", das in uns Zweifel über die Richtigkeit des Vorgehens aufkommen läßt. Wir müssen wohl versuchen, auf vielen Wegen gleichzeitig voranzuschreiten, um Fehler *eines* Regulationsprinzips mit einem *anderen* auszugleichen.

In Anbetracht dessen, daß Geld für den modernen Menschen das beste Verständigungsmittel darstellt, sollte man wirtschaftlich orientierte Maßnahmen auf jeden Fall, und wo immer es Erfolg verspricht, ergreifen. Dort, wo finanzielle Anreize versagen, müssen Gesetze die Lücken im Umweltschutz schließen. Daneben muß jedoch das Umweltbewußtsein jedes Einzelnen geschärft werden, denn wirtschaftliche wie gesetzliche Maßnahmen können bei Bedarf meist unterlaufen werden. Nur das ehrlich empfundene Bewußtsein, unsere und unserer Nachkommen Lebensgrundlagen ohne Hypotheken bewahren zu müssen, wird die sicherste Basis darstellen, den Raubbau an der Natur zu beenden.

Weiterführende Literatur

Alloway, B. J., Ayres, D. C.: Schadstoffe in der Umwelt. Heidelberg, Berlin, Oxford: Spektrum Akadem. Verlag 1996.

Bahadir, M. (Hrsg.): Springer-Umweltlexikon. Berlin, Heidelberg, New York, Tokyo: Springer 1995.

Bonus, H.: Ökologie und Marktwirtschaft. Universitas 486, (1994) 1121-1135.

Falbe, J., Regitz, M.: Römpp Lexikon Umwelt. Stuttgart: Thieme 1993.

Feister, U.: Ozon - Sonnenbrille der Erde. Leipzig: Teubner 1990.

Fellenberg. G.: Umweltforschung. Berlin, Heidelberg, New York: Springer 1977.

Fellenberg, G.: Ökologische Probleme der Umweltbelastung. Berlin, Heidelberg, New York, Tokyo: Springer 1985.

Fellenberg, G.: Boden in Not. Stuttgart: Trias 1994.

Fellenberg, G.: Chemie der Umweltbelastung. Stuttgart: Teubner 1997.

Fleischmann, G.: Lärm - der tägliche Terror. Stuttgart: Trias 1990.

Fritsch, B.: Mensch - Umwelt - Wissen. Stuttgart: Teubner 1990.

Hoffmann, F., Rombach, T.: Die Recycling Lüge. Stuttgart: Trias 1993.

Jänicke, M., Simonis, U. E., Weigmann, G. (Hrsg.): Wissen für die Umwelt. Berlin, New York: W. de Gruyter 1985.

Kuttler, W. (Hrsg.): Handbuch zur Ökologie. Berlin: Analytica 1995.

Meadows, D., Meadows, D., Randers, J.: Die neuen Grenzen des Wachstums. Stuttgart: Deutsche Verlagsanstalt 1993.

Ring, I.: Marktwirtschaftliche Umweltpolitik aus ökologischer Sicht. Stuttgart, Leipzig: Teubner 1994.

Röser, B.: Grundlagen des Biotop- und Artenschutzes. Landsberg/Lech: ecomed 1990.

Sorbe, G.: Internationale MAK-Werte. Landsberg/Lech: ecomed 1990.

Tischler, W.: Biologie der Kulturlandschaft. Stuttgart, New York: G. Fischer 1980.

Umweltamt Magdeburg (Hrsg.): Stadtökologie - Naturschutz in der Stadt. Magdeburg 1994.

Vollmer, G., Franz, M.: Chemie in Haus und Garten. Stuttgart: Thieme 1994.

Sachwortregister